環境と分権の森林管理

イギリスの経験・日本の課題

岡田　久仁子
Okada Kuniko

J-FIC

刊行に寄せて

　日本は、森林が国土の三分の二を覆う世界有数の緑豊かな森林国です。しかし、今、森林は危機的な状態となっています。森林を支える林業・山村の元気がなくなり、間伐などの手入れが行き届かない森林が増えています。
　20世紀は、工業化と都市化の世紀と言われ、大量生産・大量消費、そして大量廃棄の時代でした。その結果、人類の生存基盤にかかわる最も重要な環境問題の一つとして、地球温暖化問題が顕在化するようになりました。21世紀のこれから、物心両面から豊かな国民生活を支えるためには、持続可能な循環型社会を目指していくことが求められています。
　森林を守り育てるとともに、再生産可能な資源である木材を利用することは、大気中の二酸化炭素の吸収源として、循環型社会の構築に大きな役割を果たすものです。そして、国土を守り、豊かな水を育み、良好な地球環境をつくり、野生動植物など様々な生物を保全することにつながります。このような森林の恩恵を次世代に引き継いでいくことが、今を生きる私たち国民全体の使命なのです。
　一方、我が国の森林資源は、戦後築き上げてきた育成林を中心に利用が可能な状況になりつつあり、適切な間伐等の推進による森林の整備・保全と国産材の利用拡大を通じて、森林・林業の再生を図っていく好機が訪れています。
　このため、国民の皆様とともに、森林づくりへの参加や国産材利用を推進する「美しい森林づくり推進国民運動」を政府一体となって進めています。かけがえのない森林を適切に整備・保全する「美しい森林づくり」は、「美しい国創り」の礎にもなるものです。
　このような取り組みを進める中で、「緑の社会資本」である森林を将来にわたって、どのように引き継いでいくのか。そのためには、グローバル化の大きな波の中で社会・経済の構造変化が進み、森林・林業を取り巻く状況が大きく変わりつつある現在、国レベル、地域レベルでの森林政策のあり方を今

一度じっくり考えてみる必要があると言えます。また同時に、行政以外のセクターのあり方についても、従来とは変わっていかざるを得ないものと考えられます。

本書では、国際的な森林認証の動き、我が国の地域事例やイギリスでの詳細な調査をもとに、森林管理政策の実現過程における課題と方向について、示唆に富んだ議論が展開されています。特に、「政策的中間組織」の役割等に関する分析を通じて、我が国の環境に関する国家政策や地方の政策の問題点、解決方策について議論し、指摘しているところに本書の特徴があると言えます。

本書が、これからの森林管理のあり方に向けて、研究者や行政担当者だけでなく、様々な形態で森林づくりにかかわる皆様にも多くの貴重なヒントを与えてくれるものと期待しています。

2007年7月

林野庁長官　辻　健治

はじめに

　2006年の秋以降、巨大木材産業の国産材回帰現象が風雲急を告げ、わが国森林への要求や期待は一層重層的で複雑なものになってきました。環境形成機能や温暖化を防止するCO_2吸収源としての期待に応えると同時に、大量の木材需要を受け止める森林管理を、国内や地域において具体的に実現しなければならないのです。

　経済側面からの要求は、あっという間にすべての人々を飲み込む力を持つだけに、改めて生態系として健全に管理された森林、持続可能な管理の実現の必要性が強調されなければなりません。そして、そこでは、政策の重要性をいくら強調しても強調しすぎることはないのです。もちろん、政策実現の形としては、政府や自治体だけに押しつけるのではなく、本来的地方分権や国民や地域住民そして様々に関係する主体とのガバナンス形成が求められます。森林が「緑の社会資本」「社会的共通資本」であるとの認識形成は、そうした中で定着することでしょう。

　私が、森林管理問題とかかわりをもつことになったきっかけは、大きくは制度や自然管理におけるガバメントからガバナンスへの必要性という問題関心からです。法律を専攻した私は、そのひとつとして裁判制度のガバナンス化、すなわち陪審裁判制度の日本における可能性を研究していました。夫のイギリス在外研究の期間中、いわゆるオールドベイリー（ロンドンにある中央刑事裁判所）で陪審裁判を傍聴すると同時に、地方に古くから存在し地域に開かれた裁判制度のあることを知りました。

　2001年、イギリスの森林管理調査に同行し、ニューフォレストを訪れた折、「ヴァーダラーズ裁判所」というパンフレットを手にし、そこでの裁判内容を傍聴する機会を得ました。それがこの森林管理政策研究へのドアを開けた瞬間でした。調べていくと、ヴァーダラーズ裁判所はすでに裁判制度における裁判所ではありませんでしたが、興味深い歴史と現状を持っており、森林を

取り巻く入会権者、王室領、都市からの観光客の要求をうまく調整して、地域の伝統的生活や美しい景観を守っていることを知りました。さらに、政府と地元組織で構成するニューフォレスト委員会やニューフォレスト諮問委員会などの役割や、それら組織とヴァーダラーズが政策的中間組織として、幾重にも役割を重ね合わせながら地域の管理を行っていることに大きな関心を持つことになりました。

こうした経験を経て、再び大学院での研究として森林管理問題に取り組むことになったのです。

日本においても、森林の持つ社会的性格や機能発揮の公共性から、政策の重要性はもちろんのこと、多くの関係者とのガバナンスの必要性は、すでに指摘されていました。しかし、環境重視の政策が、施策や事業として現場に降ろされるに至り、その手法にも新しさが加えられていながらも、実態としては、地域の現場に定着するというところまでは至っていません。そこが、日本の森林管理をめぐる最も大きな今日的問題であると考えられます。

本書は、その問題解決の糸口を、イギリス・ニューフォレストの実情分析をもとに考察し、日本における環境重視型政策の実現過程で生じる具体的問題を指摘すると同時に、ニューフォレストからの政策実現方法に学び、解決方策についても指摘しようとするものです。

最後になりましたが、本書の出版に際しまして、ご多忙のところ推薦文を頂戴いたしました辻健治林野庁長官に心よりお礼申し上げます。

また、このような出版の機会を与えてくださり、上梓まで常に的確なご示唆を頂いた日本林業調査会社長の辻潔様はじめ編集部の皆様にお礼を申し上げます。特に会長の辻五郎様には、論文を本という形にするために多くのご助言をいただき、構成から再度の校正に至るまで多大なお手数をおかけしました。本当にありがとうございました。

2007年7月

岡田　久仁子

刊行に寄せて　　林野庁長官　辻　健治　3
はじめに　5

序　章　森林管理の新時代へ　11

1　本書の背景と課題　13
2　先行研究の論点整理と本書主張の位置　17

第1章　森林政策は、環境配慮へシフトした　29

第1節　地球環境の悪化　31
第2節　進展する国際的取り組み　35
　コラム　持続可能な森林経営のための基準と指標　41
第3節　森林認証制度　44
　1　森林認証制度の成立　44
　2　FSC認証制度　46

第2章　日本の森林政策の変貌と特徴　53

第1節　林業基本法から森林・林業基本法へ　55
　1　林業基本法の制定とその概要　55
　2　森林・林業基本法へ　60

3　森林・林業基本計画　　66
第2節　新たな森林政策　　69
　　1　地球温暖化対策　　69
　　2　バイオマス・ニッポン総合戦略　　72
　　3　生物多様性国家戦略　　75
　　4　森林・林業基本計画の改訂　　77
　　5　新たな森林政策の特徴と問題点　　79

第3章　FSC森林認証を中心とした森林管理と地域の変貌　　83

第1節　森林政策の転換と地域　　85
　　1　その背景と課題　　85
　　2　住田町の概要　　86
第2節　住田町林業の変遷　　88
　　1　住田町林業振興計画　　88
　　2　第2次住田町林業振興計画　　92
　　3　川下から川上へ、流通・加工施設の整備　　95
第3節　地域林業からみんなのための森林へ　　100
　　1　FSC森林認証取得までのあしどり　　100
　　　コラム　北東北の基準と指標　　106
　　2　認証取得後の森林・林業システムや地域における変化　　108
第4節　「森林・林業日本一の町づくり」　　122
　　1　「林業振興計画」から「森林・林業日本一の町づくり」計画へ　　122
　　2　「森林・林業日本一の町づくり」推進事業　　129
　　　コラム　ペレット・ストーブ　　130
第5節　自治体の対応とFSC森林認証制度　　137

第4章　森林環境税の形成と住民参加　　141

　第1節　各県が森林環境税導入へ　　143
　　1　本章の課題　　143
　　2　森林環境税についての諸研究　　143
　　3　本章での研究方法　　146
　　4　岩手県の森林・林業、林政の特徴　　146
　第2節　住民参加による新たな政策実現へ　　149
　　1　県による「森林づくり新税」の実現に向けた動き　　149
　　2　検討委員会の始動　　151
　　3　県民参加による施策づくりへ　　152
　第3節　検討委員会答申の行方　－県段階の検討－　　164
　　1　県が示した素案の内容　　164
　　2　県「素案」に対する地域説明会での反応　　165
　第4節　「いわての森林づくり県民税」の成立　　168
　　1　県議会に提出された「いわての森林づくり県民税」成案　　168
　　2　検討委員会委員の県成案への反応　　169
　第5節　地方における森林施策づくりへの課題　　172

第5章　イギリス・ニューフォレストの新たな森林管理システム　　175

　第1節　課題と背景―イギリスから何を学ぶか　　177
　第2節　イギリスのコモンズ　　180
　第3節　ニューフォレストの位置づけ　　184
　第4節　フォレスト管理の歴史と入会権の形成　　188
　　1　王の狩猟地「フォレスト」の形成　　188
　　2　地域農民が入会権を得るまで　　189
　　3　ヴァーダラーズ（森林裁判官たち）の歴史　　191

第5節　フォレストの管理・利用と政策的中間組織　197
 1　戦後のヴァーダラーズの変貌と現在　197
 2　ヴァーダラーズとFCの役割　200
 3　入会権者Stride家の生活と権利行使　208
 　コラム　ポニーブランド（焼印）　210
 4　ヴァーダラーズ裁判システムによる調整　211

第6節　ニューフォレストの利用をめぐる問題と調整　215
 1　脅かされる入会権　215
 2　口蹄疫への対処　216
 　コラム　カントリーサイド・歩く権利法と入会権　217
 　コラム　カントリーサイド規則　220
 3　観光客へのアンケートから　221
 　コラム　犬を連れて歩く時の規則　226

第7節　ニューフォレスト委員会・同諮問委員会　228
 1　ニューフォレスト委員会の誕生とその役割　228
 2　政策と地域ニーズを受け止めるニューフォレスト管理計画　231
 3　ニューフォレスト管理計画の内容　234
 4　ニューフォレスト諮問委員会　237

第8節　日本が学ぶべきもの―重層的な政策的中間組織のあり方―　244

終　章　249

 新たな森林政策の実現に向けて　251

おわりに　257
参考文献　259

序章
森林管理の新時代へ

　1992年の地球サミットにおいて、「森林にかかわる諸問題」が世界レベルで検討されるべき重要かつ緊急の問題であることが合意された。以後、森林は人類共通の財産であるという理念のもとに、新たな森林政策への転換が多くの国々で模索され続けている。
　日本においても、世界の動きを受けて、木材生産中心の林業政策から森林の持つ多面的機能の発揮に重点を置いた環境重視の森林政策へと、大きな政策転換が図られた。また、地方分権一括法成立以降、地方において独自の政策策定が可能になり、森林については、地域重視・地域優先の政策が構想され、実現をみるようになってきた。
　この章では、まず、環境重視型森林政策への大転換に伴う、政策創出とその地域への定着過程における課題を、以後の章で取り上げる事例ともかかわらせて描き出すとともに、新たな森林管理の手法・ツールに関する代表的研究について検討する。

1　本書の背景と課題

　21世紀の重要な課題は、「持続可能な社会」をつくることである。その中で、森林に関する問題は、地球規模の最も重要な問題のひとつとしてクローズアップされている。

　人類はこの100年間に、社会・経済の急速な発展を達成する一方で、多くのものを捨て去ったり、失ったりしてきた。人間活動はあらゆる生態系に多大な影響をおよぼしてきたが、地球が悲鳴を上げ始めるまで、それに対処することはなかった。1962年にレイチェル・カーソンが『沈黙の春』[1]で、世界にさきがけて環境の汚染と破壊の実態を告発するまで、気づこうとさえしなかった、といえるかもしれない。そして、レイチェル・カーソンの警告後も、地球環境の破壊は続いている。

　その環境破壊が、最も目にみえる形で現れたのが森林であった。森林の減少や劣化の進行は、洪水や土砂災害のみならず、生物多様性の減少や喪失、地球温暖化や砂漠化の進行など、地球上に多大な影響を引き起こし続けている。世界の森林は現在、1分につきおよそ30haずつ失われているといわれている。年間では約14万km^2、北海道と九州を合わせたほどの面積の森林が消失し続けていることになる[2]。

　こうした中で、1992年にリオ・デ・ジャネイロで開かれた地球サミットの「森林原則声明」では、森林問題は世界レベルで検討されるべき問題であること、森林の持つ多様な機能の保全と持続可能な管理のあり方が重要であることが初めて世界的に合意され、それ以降、森林は人類共通の財産であることを念頭に置いた、新たな森林政策が、各国で模索され続けている。

　日本においても、世界の動きを受けて、林業基本法が森林・林業基本法に改正（2001年）され、木材生産重視の林業政策から、多様な人々のニーズに応え、森林のもつ多面的機能の発揮に重点をおいた、いわゆる環境重視の制度や政策へと大きな転換が図られた。輸入材増加等による国内林業の低迷によって荒廃した森林の再生と、木材生産以外の機能発揮を求める人々の要

請の双方を満足させ、持続可能な森林管理を行うための政策が策定されるようになってきたのである。また、2000年の地方分権一括法の成立以降、地方自治体の権限が拡大され、地方独自の政策策定が可能になるとともに、森林については、地域重視・地域優先の政策が新たに構想され実現をみせるようになってきた[1]。さらに、こうした変化とともにこの間には、政策の策定や実施にかかわって、森林は社会的共通資本であるとの性格づけから、森林をめぐる利害関係者が共通のテーブルに参加し意見を交わす機会が多くなった。

このように、政策の理念や目標、また、その政策実施の枠組みや基本的ツールは、大きく方向転換し始めている。しかし、これまでに経験のない転換であるだけに、国レベル・地方レベルともに、その策定と実施との両過程において多くの課題を抱えている。

本書では、それら森林政策の地域における受け止めや、策定段階の実態を克明に追うことによって、環境重視の政策転換が地域に定着するために解決しなければならない諸課題を明らかにする。そして、その解決方法についても分析・考察を行う。さらに、先進的な海外の事例の分析から、日本における環境重視型森林政策の実現に寄与すると思われる手法やツールなどについて、有効な示唆を得ようとするものである。

そのためにはまず、政策の変化や実現に関しては、地域の具体的な変化や変更の側面が表出されなければならない、という理解に立つ必要がある。法律や施策や政策的事業が、ただ単に行われたということのみをもって、政策変化と捉えることにはならない。地方での具体化や、現場への定着までの部分にフォーカスし、主として政策手法の側面から、追求することが欠かせない。具体的には、日本では木材生産中心から環境重視への政策変化も、まずは法律を変え、国家レベルでの施策を、地方や地域がその趣旨に沿って制度変更を行い、施策・政策的事業として実施していくという方法が主流になっ

---

[1] 多くの県で検討・実施されている森林環境税はその代表的なものである。

ている。本書では、そうしたいわば上からの政策展開がいかに地方や地域に定着しているのか、あるいは定着していないのかについてみていこうとする。しかし、現時点は政策変化を明確化して間もないことを考慮し、地方の県や市町村レベルにおいて、いかなる方法や新たな枠組みを創出しながら基本的政策の変化を受け止めようとしているのか、その具体的過程を、試行的政策変化と同時並行の形で追究し、分析的整理を行うことで、上述の課題に接近する。

　また、環境重視型への政策展開には、多くの解決すべき点があることが当然予想されたので、こうした政策変化をいち早く受け止め対処してきた国々の中から、成果をあげており、問題の現れとそれらへの対処のあり方において参考となりそうな事例について同時に紹介・分析をし、日本における今後の環境重視の政策実現に役立てることを構想した。

　上記のいずれにおいても、我々が直面している根本の問題とは、所有者の自由な利用から多くの人々のニーズに対応することへ転換すること、およびそのことに伴う権利の制限や意見の調整を図ること、すなわち、現代社会による森林管理のあり方の問題に他ならない。つまり、政策そのものの内容変化およびその実現ツールや、そこにおける組織のあり方、様々な人々との協働のあり様、そうしたものの全体である。

　取り上げた事例ともかかわらせ、さらに課題内容に近づいてみよう。

　①　市町村レベルの環境対応型森林政策への変更については、基本的には森林・林業基本計画や森林計画制度を通じて、県の指導のもとで徐々に政策を切り替え、浸透を図るという過程が続いている。しかし、地域によっては、環境省によって準備された環境政策をいち早く取り込むことや、環境重視の政策展開方法として提唱されている森林認証制度を積極的に利用しながら地域自然管理全体を射程におき、地域において可能な限りの循環型社会へのシフトを実現しようとする町村もみられるようになってきた。さらにその実現過程では、行政と地域住民の協働への試みも未熟ながら行われている。そこには手探りではあるが、木材から森林整備へ、また木材から環境へ、という

政策転換の実現過程への歩みがみられるわけで、今後の政策展開においても注目すべき諸点を持っているといえよう。本書では、こうした展開をたどりつつある事例として、岩手県の住田町を取り上げた。

② 森林整備については、これまでは木材生産の見通しに基づき、木材商品の流通を通して、その実現が図られてきた。しかし、木材価格の低迷など市場メカニズムによっては森林整備・林分管理経営費用の拠出が見込めないことから、新たなコスト負担の論理や方法、あるいは国と地方の森林整備に関する役割分担論が喧伝されている。

こうした点を受け止める県レベルの政策として、森林環境税に注目をした。税制の分権化によって県は、政策立案からそのコストの徴収、使途のあり方までを独自に行えるようになり、この政策は急速に全国に広がり続けている。本書では、いち早く取り組みを始め、2006年度から森林環境税を導入している岩手県の例を取り上げ、上述の課題に迫ることとした。県レベルの環境対応型政策として注目されるだけでなく、その各プロセスにおける行政側のスタンスや県民参加のあり方においても、その実現過程には示唆深いものがある。

③ 日本における木材生産重視の政策から森林整備や環境政策重視へのシフトは、まだその糸口についたばかりで、各政策課題とのかかわりにおいても、あるいは国や地方の各レベルにおいても、試行的段階にある。しかし、イギリスやスウェーデン等においては、こうした展開はすでに歴史を重ねるところとなっており、その政策内容や住民参加、費用負担のありようにおいても、日本が学ぶべき点は少なくない。

森林政策の重点移行とかかわって、日本において多くの困難が予想されるのは、民有林における私権との関係である。とくに、里山地域に多く存在する民有林は、森林空間に入っての利用の要請など都市から提起される様々なニーズに対応する必要に迫られる。これは、ひとえに私権の主張と森林のもつ公共財的性格という一見異なる立脚点の違いに基づくものだが、環境対応型政策の実現のためには乗り越えねばならない重要課題だといえよう。こう

した点への対応については、イギリスのニューフォレスト地区における森林管理の展開過程が、環境対応型政策の内容としても、また、ステークホルダーのかかわり方においても、さらにはそれらを調整するシステムの形成とかかわっても、多くのヒントを与えるものとなっている。そこで本書において、環境重視の政策転換とかかわって具体的に示唆するいくつかは、イギリスのこの事例における先駆的取組みの分析を下敷きにすることとした。

森林や地域資源そして各々の地域の有する歴史はすべて固有性を持ち、その限りで特殊であることはもちろんだが、各地域の個性を失わずに政策意図を貫くための方法、とりわけあらゆる主体との関係構築を図るにあたっての考え方と具体的方法については、同地域に学ぶべき点が実に多く存在している。本書では、こうした点からイギリス・ニューフォレスト地区の分析を重要な課題として位置づけている。

以上を踏まえ、最後に、今後の日本における環境対応型・森林整備重点の政策展開において示唆できることをまとめる。政策が環境対応型になるためには、さらに多くの事例や具体的課題とかかわって分析を豊富にする必要があることはいうまでもない。本書は、そうした積み重ねによって、政策実現の内実形成に役立てることを目標としている。

2　先行研究の論点整理と本書主張の位置

環境重視の森林管理への転換にかかわっては、特定課題ごとの研究は少なくないが、総合的な視点からの研究は必ずしも多くはない。ここでは、本書の問題意識とかかわって、今後の森林管理や整備政策の内容変化や、新たな森林政策を策定・定着させるための手法・ツールについて言及している代表的な研究について、必要な限りでの論点整理を行い、それらをとおし本書の研究史上における位置づけをみておきたい。

（1）志賀和人の「地域システム」[3]

志賀は、スイスにおける地域森林管理について明らかにし、日本に即した

具体的展望を探っている(4)。

　スイスでは、森林法改正によって、これまでの施業規則や森林利用規制に加え「森林へのアクセスや空間計画との調整措置、多面的な森林機能を保全するための助成措置を新たに規定し、森林整備計画（Waldentwicklungsplan,WEP）によるコンフリクトの調整とプロジェクト対象地の決定を住民参加のもとに実施する体制を確立」している。そこでの新たな森林計画制度は、木材生産機能に対応した施業計画と公益的機能に対応した官庁拘束的計画とに峻別される。森林整備方針の策定とゾーニング、コンフリクトの調整を関係機関や住民参加のもとに協議し、また、補助事業は森林機能を増進する措置であるという。

　一方、日本については、森林・林業基本法の目標である「多面的機能の持続的発揮」を実現するうえで、以下の3つの問題点があると指摘する。①森林管理の公共的管理側面において、地域的公共性のなかでの森林機能やコンフリクトの調整を図る政策手法や自治体林務組織の機能が不十分である。②林野行政が「公益的機能」の拠り所としている保安林制度と森林計画制度は、現代的な計画内容と計画手法を備えたものとはなりえない。また、森林の多面的機能を住民が享受するためには、森林計画の策定過程への参加とともに森林へのアクセス権を現代的視点から検討する必要がある。③多様な林業主体が効率的かつ安定的な経営を行い、「望ましい林業構造」が実現する可能性は少ない。

　志賀は、近い将来、経営が管理に包括される枠組みへと移行すると考え、そこでは、「地域的公共性を基盤とした法制度と執行組織、森林管理計画、費用負担と持続性を備えた森林経営を統合した地域システムの形成が重要となり、その中核となる都道府県の行政専門性と市町村の住民代表性のあり方が改めて問われることになろう」と指摘する。その「地域システム」は、「国の森林・林業基本法政策の限界を克服する対抗軸」となるもので、それは、「自治体と森林技術者、住民の新たな協働のなかで生み出される可能性が強い」と展望する。

ここで志賀は、日本の「公的管理」を市民的に対立する意味で国家的自治体的なものとして捉えているので、「対抗軸」という言葉になっているのであろう。森林・林業基本法における「公的管理」は、「国、都道府県、市町村等による森林の買い入れや公有林化、公的機関による分収方式による森林整備(5)」を指すとしているが、森林・林業基本計画には、「公的な関与による森林整備の促進」として、「市町村及び都道府県が、森林組合等の林業事業体による施業等の集約化や間伐の効果的な実施を促進する」、また、「森林整備法人等が行う森林の整備を促進し、・・・(6)」など、国や公的機関が直接整備を行うことは書かれてはいない。「地域システム」は、国に対抗するものではなく、国、地方自治体、住民の協働によって作られるべきものであろう。

（2）箕輪光博の「地域林業資本」(7)

　箕輪は、宇沢弘文の「社会的共通資本②」に「計画要素」を付与した「地域林業資本」についての維持および評価について論じている。

　地域林業資本とは、「自然資本としての森林、林道や機械などの物的資本、知識・技術、人材などの人的資本、家や集落における慣習、信頼関係、各種規範などの社会関係資本、金銭資本などを地域林業経営の立場から"計画的に結合"したもので、広い内容を包含する概念である」とする。

　「地域林業資本」は、地域森林を第1の「場」とする。また、目にはみえない、インターネットなどのマルチメディアの情報技術に支えられている情報空間を第2の「場」とする。

　第1の場については、森林GISの導入と利用体制づくり、森林施業単位の再構築、持続的・多元的森林管理のための伐採・搬出技術の創出、そのための技術者養成と教育方法の充実などの支援システムに関する施策が準備され

---

② 「社会的共通資本は、一つの国ないし特定の地域に住むすべての人々が、ゆたかな経済生活を営み、すぐれた文化を展開し、人間的に魅力ある社会を持続的、安定的に維持することを可能にするような社会的装置を意味する」宇沢弘文『社会的共通資本』、岩波新書、2000年、はしがきより。

ていなければならない。また、第2の場では、「流域管理情報処理・モニタリングシステム」のような支援システムの必要性が高まっており、第1の場と第2の場を統合した情報システムとモニタリングシステムの存在が重要になっていくという。

箕輪論文は、宇沢の「社会的共通資本」概念を基礎に構築したものであり、大変魅力ある内容を持っている。しかし同時に、以下の諸点において問題点も持っている。

ひとつには、論をあくまでも森林に閉じ込めていることである。しかし、日本の土地、地形、利用の歴史が示すように、森林だけを取り出して地域資源管理問題を構想することは現実的ではない。農地や牧野など入り組んだ土地利用は全体として機能し、その公益性も発現しているのであり、その閉じ込め、つまり行政システムそのままに分断的であることがまず大きな問題としてあることを、共通の認識として我々は持っていたはずである。

もうひとつは、「地域」という場合のその内容、範域についてである。地域概念については多くの研究があるが、まさにその内容と大きさはまちまちである。しかし、そこにおいても地域は自然資源と生産や産業関連ネットワークと生活や歴史が織り成す空間であり、林業資本や森林のある範域をもって一方的に恣意的に区切れるようなものではあるまい。この地域概念と、したがってまた地域林業資本というときの「林業資本」概念にあいまいさを残しているといわざるを得ない。

（3）柿澤宏昭のエコシステムマネジメント [8]

柿澤は、アメリカ合衆国のエコシステムマネジメントについての検討を行っている。

エコシステムマネジメントは、「新しい生態系保全の方向性を打ち出しているだけでなく、人間社会と生態系の密接な結びつきを統一的に考える」という概念を持つものである。その生態系管理の主要なポイントを、以下のようにまとめている。①自然資源管理の目標を生態系の持続それ自体に置き、「そ

の目標に向けてどのような行為を行うのかを管理の方針とする」。②「より大きな時間的・空間的スケールのなかで管理を行う」。③「人間も生態系の一員として捉え、人間社会と生態系を統一的に考える」。つまり「経済・社会・生態系」が同時に成立しうる管理を行う。④エコシステムマネジメントの実行にあたっては、市民との「協働・協力関係の構築が不可欠」である。⑤不確実性を処理できるシステムであるアダプティブマネジメント③の導入が必要。⑥分権的な資源管理のシステムであること。

事例として取り上げているアメリカの国有林では、制度として義務づけられた市民参加を、アリバイ的に導入しようとしているのではなく、不可欠の構成要素として積極的に位置づけようとしているという。しかし、現場において国有林職員は「専門家であるわれわれが最良の知識をもっている」として、専門知識をもたない市民の参加を軽視する傾向にあり、また、計画の策定にあたっては市民参加のマニュアルを作成したが、それを機械的に適用して市民参加を進めただけで実質化はされていなかった。また、市民の側からの合意形成を待っていても、それはきわめて困難なことであったという。

エコシステムマネジメントへの方針転換はトップダウンで行われることを必要とする場合が多くあるが、エコシステムマネジメントは生態系の状態に焦点を当て、関係する人々が共同して、継続して、取り組む必要があるという点で、ボトムアップで実行されるべきものである。柿澤はこの「パラドックス」を解決する方法として、トップダウンによるボトムアップの可能性を示唆する。つまり、「トップダウンで方針転換を行ったとしても、その実行についてボトムアップを保障し、またこれを担う地域住民の動きを育成するしくみを設ける」というものである。

筆者は、地域住民が政策策定過程への参加に不慣れな初期には、ボトムアッ

---

③ アダプティブマネジメント（Adaptive Management 適応型管理）は、「計画の実行過程をモニタリングし、モニタリングの結果を分析・評価し、最新の科学的知識とあわせて、必要な計画の修正を行う」もの。柿澤宏昭『エコシステムマネジメント』、築地書館、2000年、p.15

プの場をトップダウンで設けることも必要であると考える。しかし、行政がすべてお膳立てをした場に地域住民を呼び込み育成するというのではなく、行政と住民が対等の立場で話し合える組織をつくり、そこで協働しながら行政も住民も意識を成熟させていくことが必要ではないかと思う。

（4）木平勇吉の合意形成・住民参加論 (9)

　木平は、以下のように主張する。

　今日、立案過程への住民参加はほとんどないが、森林管理への作業参加（ボランティア活動）は、行政の積極的な支援と相まって盛んになっている。「ボランティア作業を通じての森林体験は、都市住民が森林の内容を知る機会であり、森林に関心をもつきっかけ」として評価はする。しかし、作業参加は立案過程への参加の途中段階であり、手段である。最終的な目標は「立案過程への参加、合意形成、社会が求める森林保全の実現」にあるが、行政はそれについて冷淡であり、都市住民の多くは関心を示さない、というより、その存在に気づくことができない状態にあるという。「森林管理計画立案への住民参加の理念は、森林の作業参加というプログラムにすりかえられた」と木平は感じている。

　木平は他の著書においても、森林の技術者や行政官は、"森林のことはすべて任されている。森林のことなら自分が一番よく知っているから、最も良い計画を立て、最高の管理ができる"との思い込みをしている (10)。しかし、「行政は個々の地域住民と同じように利害関係者である」。国、地方自治体、地域団体、企業、個人が対等な話し合いのパートナーとしてパートナーシップ社会をめざすことが、今すべての人々に課された課題であるとする。

　筆者も、木平と同様の問題意識をもっている。しかし、次の3点については疑問なしとはしない。

　ひとつめは、制度を作ったことへの評価とその利用・活用のあり方についての前向きな研究者としての姿勢についてである。制度があれば、あとは地域実態に応じて当面の目標実現まではもうすぐである。利害関係者のそこへ

向けての意識が希薄であれば、それを補う主体なりシステムを、あるいは動かしていく契機となる何かを付与すること、それが何かを探ることが必要であろう。

2つめとしては、行政担当者が専門性に基づき明確な意見を持つこと、持ち続けることに、筆者はむしろ賛成である。専門家が森林のことを一番よく知っていることは重要である。利害関係者としての住民の声をそのまま受け止めることが大事だというわけではないのである。ここでも、柿澤の研究のところで述べたように、行政・住民の協働組織によって意識の成熟をはかることが必要だと、改めて思う。

3つめは、ここでは「森林管理計画」における住民参加の実質化が到達目標のような印象を受けることである。そうではなく、計画－実行－評価における参加が必要である。したがって、作業レベル実施段階の住民参加が実現していれば、これを計画レベルに継ぐために何が必要か、あるいはそのために実施段階の実現の仕方を精査することは必要ないのか。

そうした点の言及がなく、その責任を行政に押しつけてしまっているように思うのだが。

(5) 内山節の「地域森林委員会」[11]

内山は、「日本の社会全体の変化、農山村と第1次産業の変化によって、伝統的な林業活動による予定調和的な森林の維持・管理が困難になったことが、今日の荒廃を招いた。こうした事態は、森林利用と管理の新しい方法をつくり出さなければならないことを示している」として、「市民が参加しうる森林政策」の必要性を説く。そのための新たなシステムとして「地域森林委員会」を提案している。

「地域森林委員会」は、市町村単位でつくり、地域の森づくりに責任をもつ。その役割は、①地域の森林計画策定、②国有林・民有林一体の森づくり推進、③内部に民有林の森林官をおく、④森林組合が行っている補助金の申請、受け取りを行う、⑤地域の「森林地図」を作製し、森林に関する情報公開のシ

ステムをつくる、⑥「管理放棄森林」を認定し、このような森の整備の仕組みをつくる、というものである。

　そこで重要なことは、「常勤の職員だけでなく、非常勤の委員をおくことによって、所有者を含む地域の人びとが参加する"地域森林委員会"として創設することであり、その地域の森林づくりに参加する地域外の人びとや、森と村の関係、森林の生態系や森と川の関係についての専門家、農山村と都市とを結ぶコーディネーター的な役割をはたせる人びとを、委員として積極的に内部化していくこと」であるという。

　さらに、「地域森林委員会」が流域単位で調整し協力し合う、「流域森林委員会」をも創設する。その「流域森林委員会」は、①流域全体の森林計画を策定し、そのために必要な「地域森林計画」の調整を行う、②森林をほとんどもたない流域の都市の行政、市民の参加を加えて、流域の森づくりをすすめるときの都市の役割を明確にする、③森づくりへの都市の人びとの参加を促進する役割をはたす、という任務をもつ。

　内山の「地域森林委員会」や「流域森林委員会」は、現在の流域管理システムを大きく改変してつくることが可能かとも思われる。しかし、所有者を含む地域の人びとや、地域外の人びとの積極的な参加をどう促すのかが最も重要であり、その方策がみえてこない。

（6）岡田秀二の「地域総合法人」[12]

　岡田は、地方に数多く成立してきた「森林環境税」、森林認証制度の普及、バイオマスエネルギーやCO_2吸収源としての森林の役割、ツーリズム等の都市と山村の交流事業などの効果は、政策あってのことであり、その点では政策の必要性を大きく認めている。

　一方、新基本法下における持続可能な森林づくりについて、政策理念は評価するが、「林業生産、林業経営の安定的持続的展開のないところには十全な森林の整備は行われない」として、「林業生産活動、林業経営への積極性へのベクトル」つまり「新たな森林整備論理に立つ林業・木材生産政策」の欠如

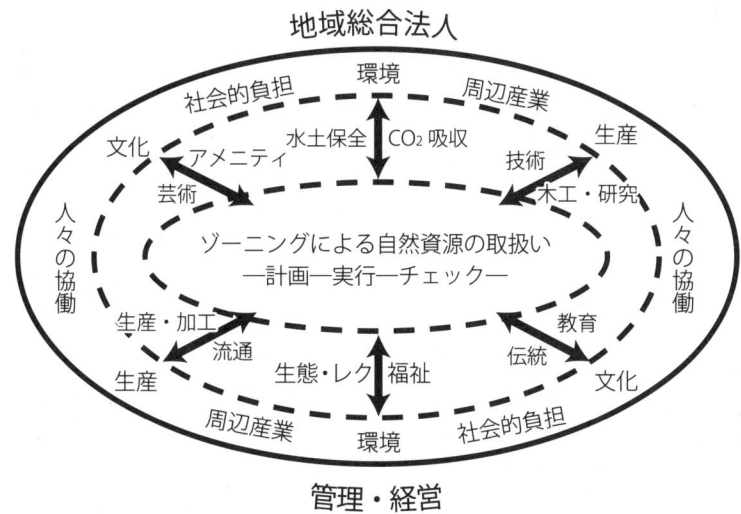

図 0.1 「持続可能な林業生産システムの主体」としての「地域総合法人」
資料：公庫月間「ＡＦＣフォーラム」8より

を指摘する。

　その欠如を埋めるためには、「森林整備方策を持続性ある林業生産へと結ぶための装置・システムが必要」であり、「同時にそれは持続性のある山村社会、山村経済を維持するものではなくてはならない」という。その「持続可能な林業システムの主体」として、岡田が提案するのが図 0.1 にある「地域総合法人」である。

　図の外側の円は、地域の森林の範囲を包含する地域範囲である。「地域総合法人」は、「構成するのはそこにニーズを求める多数の人々だが責任をもつ者に限られる。グループ、事業体、所有者、その他の個人、自治体等が想定されるが、コアメンバーは在住者、そこでの生活者である。この法人は、森林の利活用に関連する多くの周辺産業にも携わったり、新規に産業を興していく主体でもある。社会的共通資本である森林の管理を行うことから社会的な形で投下される資本や負担経費の受け手であり、この点に基づく説明責任

としての透明性ある会計やそのチェックシステムを内部的外部的に持っている」という。いわば森林の多面的機能に「係わる人々全体の総有的性格」をもつ「新たなコミュニティ」である。

　また、「地域総合法人」に必要な4つの原則として、①人、地域、環境、経済の「持続性」、②環境・地域性重視ということを、法人がかかわる様々な局面で要求していくという「統合性」、③地域に存在する様々な主体やその他のコミュニティ、あるいは国や行政等との柔軟な補完関係をもつという「補完性」、④係わる者、係わりたい者すべての者の参加を認めると同時に、応分の責任を共有してもらう「共有責任」、を持つことが大切であるとする。

　岡田の「地域総合法人」とは、それぞれの地域によって大きさや内容が様々に変化するものであろうが、その主体のコアとなるべき人々はどの地域にも存在するのであろうか。大きな吸引力をもった地域住民または団体が存在しない地域にでも、この法人は構成されうるのであろうか。

　以上、6名の研究者による代表的な森林政策の策定や定着のための手法やツールについてみてきた。各人により「地域システム」、「地域林業資本」、「地域森林委員会」など大きさも形も様々なシステムが考えられている。また、それらのシステムを機能させる中心的主体の概念が示されていた。いずれも注目すべきものである。筆者の主張する政策策定のためのツールとこれら6名の提案がいかに異なり、どことどこは共有できるのかは以下の本文全体を通じ、また事例を通して明らかにしていくことになるが、あらかじめ「地域」についての筆者の捉え方と、それら「地域」と森林の機能との関連における理解については示しておく必要があるかもしれない。また、6名の提案内容と、以下に示す筆者の政策定着のためのツール、それを受け止める中心主体との総合的距離関係のイメージについても、結論を先取りすることになるが示してみよう。

　筆者は、「地域」の範域については、以下の中村の定義とほぼ同様であると考えている。

中村は、「地域とは、人間が協同して自然に働きかけ、社会的・主体的に、かつ自然の一員として、人間らしく生きる場、生活の基本的圏域であり、人間発達の場、自己実現の場、文化を継承し創造していく場である。この意味で、地域は自然環境、経済、文化（社会・政治）という３つの要素の複合体である」、「地域の大きさは、生産力の発展、交通情報通信手段の発達、住民の統治力量の発達などを背景にして拡大しうるので不変ではないが、住民が共同利害をもち、アイデンティティや帰属意識を感じ、地域の経営に積極的に参加できるほどの規模であることが重要である」(13)、という。ただ、地域が「森林」とかかわるときには、この範域の周囲に森林の機能の恩恵を受ける多くの人々が存在し、より大きな「地域」を構成することも忘れてはならない。これは、内山や岡田の考える地域システムの範域と同様であろう。

　次に、その「地域」と森林のかかわり方についての理解を示しておきたい。まず、森林の機能と「地域」の要素とのかかわりについてである。「自然環境」については、森林の「気象災害の緩和」、「土砂流出やなだれの防止」、「洪水や渇水の防止」機能が内容をなす。「経済」面とは、「地域林業・木材産業の振興」、それによる「林産物の販売」を示す。「文化」面は、「教育の場の提供」、「保健休養の場の提供」、「多様な林産物の供給」、「快適な生活環境の形成」と考えている。地域がこれら森林の機能を活かし上手にかかわっていくために、国や地方自治体は、地域毎に異なる各々の許容量を活かす政策を策定することが必要である。つまり、地域は、当面課題となる森林の機能毎に異なる範域となり、しかしそれらは重層することから、また一方で実態として自治体が地域化していることもあって、それを受け止める地域のシステムは、その内容・大きさ・形いずれにおいてもそれぞれである。そこでは国や地方自治体に対抗するものではなく、それらもシステムのパートナーとして、共に plan-do-check を行っていくことが望ましいのである。

　以上の整理を通してみると、筆者の以下の本文においては、政策との関係では柿澤や木平の理解と親和性をもち、それらにおいては必ずしも明瞭となっていない政策定着のための主要主体については、内山や岡田と近い関係

にあるといえる。しかし、システムはそもそもそうした分析的理解を許さない中で捉えるべきものであり、以下にみる筆者のシステムは、その限りでやはり機能重層的、自治的コラボレートと性格づけることができるかもしれない。

引用文献

（1）レイチェル・カーソン（青木簗一訳）『沈黙の春』、新潮社、1974年
（2）WWFのHP　http://www.wwf.or.jp/activity/forest/mission.htm　より
（3）志賀和人「地域森林管理と自治体林政の課題」『林業経済研究』Vol.50 No.1、2004年、p.15-26
（4）志賀和人編著『21世紀の地域森林管理』、全国林業改良普及協会、2001年、参照
（5）志賀和人・成田雅美編著『現代日本の森林管理問題』、全国森林組合連合会、2000年、p.9
（6）農林水産省「森林・林業基本計画」、平成18年9月、p.27
（7）箕輪光博「地域林業経営を支援するための論理」『林業経済研究』Vol.52 No.1、2006年、p.19-30
（8）柿澤宏昭『エコシステムマネジメント』、築地書館、2000年
（9）木平勇吉編『流域環境の保全』、朝倉書店、2002年
（10）木平勇吉『森林管理と合意形成』、全国林業改良普及協会、1997年、p.20-21
（11）内山節編著『森の列島に暮らす－森林ボランティアからの政策提言』、コモンズ、2001年
（12）岡田秀二「できたのか持続可能な林業生産」公庫月報『AFCフォーラム』8、農林漁業金融公庫、2006年、p.2-9
（13）中村剛治郎『地域政治経済学』、有斐閣、2004年、p.60-61

第 **1** 章

森林政策は、環境配慮へシフトした

　第2次世界大戦後の、先進国における急激な経済の拡大と、開発途上国における人口増加と貧困がもたらす自然への開発圧力は、地球環境を大きく破壊し続けてきた。
　1992年の地球サミットでの「森林原則声明」採択により、世界は、森林の持つ多様な機能の保全と、持続可能な開発の重要性を確認しあうこととなった。以来、多くの国において、「持続可能な森林経営」という概念をもとにした森林政策・法制度の整備が行われるようになり、森林経営の実施方法にも変化が起こっている。
　この章では、日本へも「木材生産から環境へ」という大きな政策変化をもたらした国際的取り組みについて、本書の課題に必要な限りで整理を行う。さらに、その国際的取り組みのひとつである森林認証制度についてもみていく。

第1節　地球環境の悪化

　1972年、世界113ヵ国の代表が参加して、ストックホルムで「国連人間環境会議」が開催された。1970年代初頭から環境汚染の進行が問題となり、環境問題は地球レベルで対応すべきものとして開かれた最初の世界的ハイレベル政府間会合である。会議では「Only One Earth（かけがえのない地球）」を合言葉に、26項目の原則からなる「人間環境宣言」および109の勧告からなる「世界環境行動計画」が決定され、その後の世界の環境保全に大きな影響を与えることになった。

　同年発表された、地球環境を考える際の原点とされるローマ・クラブのレポート『成長の限界』では、このまま人口増加や環境の悪化が続けば、世界システムの「成長の局面が今後100年続くことはできまい」と大きく警鐘を鳴らし、「人類は今や、成長から世界的な均衡への、制御された、秩序ある移行を直ちに開始」しなければならないことが報告された[1]。それまで、自然を開発すべき資源として消費し続けてきた人間社会に、重大な問題を提起したのである。しかし、この『成長の限界』においては、森林・林業の環境への影響についてはまったく言及されてはいなかった。

　1980年、アメリカ合衆国政府の特別調査報告として『西暦2000年の地球』が発表された。そこでは、世界の政策がこのまま変わらなければ、西暦2000年までに地球的規模の問題が驚くべき程度までに達する可能性が示されていた。森林については、「『西暦2000年の地球』研究で予測されるすべての環境上の変化の中で、…森林の変化が、もっとも重大な問題を示している。」として、森林の消滅による環境への影響の重要性に言及している[2]。「22年前、森林は世界の陸地の4分の1以上を占めていたが、現在では5分の1になってしまっている。そして22年後には、これが6分の1までに減少するものと予想され、結局、2020年ごろには世界の森林は陸地のおよそ7分の1」になるとの予測であった[3]。さらに、その割合で森林減少が進めば、

表 1.1　世界の森林資源の推定（1978・2000 年）
—とくに開発途上国の森林減少が深刻

（単位：100 万 ha、10 億 m^3）

区　分	森林		蓄積（皮付き）	
	1978 年	2000 年	1978 年	2000 年
ソ連	785	775	79	77
ヨーロッパ	140	150	15	13
北アメリカ	470	464	58	55
日本、オーストラリア、ニュージーランド	69	68	4	4
小計	1,464	1,457	156	149
ラテンアメリカ	550	329	94	54
アフリカ	188	150	39	31
アジア・太平洋地域の開発途上国	361	181	38	19
小計	1,099	660	171	104
合計（世界）	2,563	2,117	327	253
先進工業国			142	114
開発途上国			57	21
世界			76	40

資料：『西暦 2000 年の地球 2』—環境編—、1980 年、p.217 より

　熱帯・亜熱帯地域にある開発途上国の森林は 2020 年以前に破壊されてしまう、との計算も出されていた（**表 1.1**）。

　同じ 1980 年に FAO[①] と UNEP[②] が発表した「熱帯林評価報告書」においても、世界の熱帯林は 200 年で消滅してしまうと予測されており、熱帯林の問題が地球環境問題として世界的に認識されることとなった。このように、顕在化した熱帯林の消失を中心とした森林の劣化・消失の問題は、地球温暖化・オゾン層の破壊・酸性雨・生物多様性の減少・砂漠化・有害廃棄物の越境移動・海洋汚染・開発途上国の公害などとともに地球の環境を悪化させる重大な原因として、地球規模で議論されるようになったのである。

　表 1.2 は、1980 年から 1990 年の熱帯林の減少をみたものである。なぜこれほどの熱帯林の破壊・消滅が起こったのであろうか。

---

① FAO（国連食料農業機関）Food and Agriculture Organization of the United Nations
② UNEP（国連環境計画）United Nations Environment Programme

表 1.2 熱帯林の減少—引き金は急激な人口増と貧困、経済活動の活発化

区分	国数	総国土面積 (千 ha)	森林面積 (千 ha)		年平均減少面積 (千 ha)	年間減少率 (%)
			1980 年	1990 年		
熱帯アメリカ	33	1,650,100	992,200	918,100	7,400	0.8
熱帯アジア	17	892,100	349,600	310,600	3,900	1.2
熱帯アフリカ	40	2,236,100	568,600	527,600	4,100	0.7
計	90	4,778,300	1,910,400	1,756,300	15,400	0.8

資料：FAO Tropical Forest Resources Assessment Project 1990

　世界の森林は、文明の発達とともに絶えず減少を続けてきたのだが、熱帯林は、20世紀の前半までは、ほとんど手がつけられていなかった。

　第 2 次世界大戦後、開発途上国では、急激な人口増加と貧困、経済活動の活発化など社会経済的状況の変化が大きな問題となる。それに対処するため、森林・草地を焼き払っての過度な焼畑耕作、燃料としての薪炭材の過剰採取、外貨を得るために経済性の高い農場や牧場への転換など、人為的に森林を劣化・消滅させる行為が繰り返されるようになった。東南アジアでは、商業伐採、とくに略奪的伐採が国際社会で大きな問題となった。伐採しながら植林もするという持続可能性を考慮した伐採ではなく、一国の山を次々と丸裸にしてしまう伐採がアジア太平洋地域の国々で行われたのである。さらに、違法伐採による木材も多く輸出され、これも森林消失の大きな原因となっている。また、焼畑や農地開発のための火入れなどによって大きな森林火災も起こっており、森林の減少のみならず多様な機能の低下や、住民の生活や動植物の生存などに重大な影響を及ぼしている。

　これら熱帯林を中心とした急激な森林破壊は、多量の二酸化炭素を大気中に放出し、地球の温暖化に影響を与えているといわれている。こうして森林を中心とした環境問題に対処するために、世界は、様々な活動を行うことになる。次節では、その国際的取り組みについて概観する。

引用文献

（1）ドネラ・H・メドウズ、デニス・L.メドウズ、ジャーガン・ラーンダズ、ウィ

リアム・W・ベアランズ三世（大来佐武郎　監訳）『成長の限界』－ローマ・クラブ「人類の危機」レポート－、ダイヤモンド社、1972年、p.169-170

（2）アメリカ合衆国政府（逸見謙三、立花一雄　監訳）「アメリカ合衆国政府特別調査報告　西暦2000年の地球2」－環境編－、家の光協会、1981年、p.218

（3）アメリカ合衆国政府（逸見謙三・立花一雄監訳）「アメリカ合衆国政府特別調査報告　西暦2000年の地球1」－人口・資源・食料編－、家の光協会、1980年、p.150

第2節　進展する国際的取り組み

　世界の環境問題に関する主な取り組みを、**表1.3**にまとめた。

　1985年、FAOは熱帯林行動計画を策定した。これは、各国が行う熱帯林の保全、造成および適正な利用のための行動計画作りへの支援事業である。この計画は、①土地利用と林業、②林産業の開発、③燃料とエネルギー、④熱帯林生態系の保全、⑤制度や機関の分野などについての国際的行動指針、を示したもので、熱帯林地域の各国において国別の計画が策定されている。

　1986年には国際熱帯木材協定①に基づき、熱帯木材の安定的な供給と熱帯林の適切かつ効果的な保全・開発の推進を目的に、ITTO②が設置された（本部・横浜）。加盟国は、生産国30ヵ国、消費国25ヵ国およびEUで、全加盟国が保有する森林だけで世界の熱帯雨林の約75%を占め、熱帯材取り引きの90%以上を扱っている。

　1992年には、持続可能な開発の実現のために環境と開発を統合することを目的として「国連環境開発会議（地球サミット）」がブラジルのリオ・デ・ジャネイロで開催された。

　この会議には環境を国際的な場で初めて議論した「国連人間環境会議」の20周年を記念する意味もあり、183ヵ国の政府代表や国連機関、約8,000ものNGOが参加しての史上空前の大会議となった。

　地球サミットでは、人と国家の行動原則を定めた「環境と開発に関するリオ宣言」、そのための詳細な行動計画である「アジェンダ21」および「森林原則声明」を採択したほか、別途交渉が行われてきた「気候変動国際連合枠組条約」③「生物多様性条約」に対し、それぞれ150ヵ国以上が署名した。

---

① ITTA（国際熱帯木材協定）International Tropical Timber Agreement
② ITTO（国際熱帯木材機関）International Tropical Timber Organizations
③ 地球の気候システムに対し、人類の活動によって危険な変化がもたらされないよう、大気中の温室効果ガスの濃度を安定化させることを目的とする

表 1.3　環境問題年表—1970年代から今日までの主な取り組み

	砂漠化・熱帯林問題	大気汚染問題	野生生物保護問題	日本国内の動向
1971年			「特に水鳥の生息地として国際的に重要な湿地に関する条約（ラムサール条約）」採択	環境庁設置
1972年	国連人間環境会議（ストックホルム会議）「かけがえのない地球 (Only One Earth)」「宇宙船地球号」	OECD④で大気汚染物質長距離移動測定共同技術計画開始	ユネスコ総会「世界の文化的及び自然的遺産の保護に関する条約（世界遺産条約）」採択	「自然環境保全法」
1973年			「絶滅の恐れのある野生動植物の国際取引に関する条約（ワシントン条約）」採択	
1977年	国連砂漠化防止会議開催「砂漠化防止行動計画」採択	UNEPがオゾン層に関する専門家からなる調整委員会設置		
1980年	IUCN⑤、WWF⑥、UNEPがUNESCO⑦、FAOと「世界保全戦略」を発表（「持続的開発の理念」提唱）			ワシントン条約、ラムサール条約に加入
1981年	FAO、UNEP「熱帯林資源評価調査」実施			
1983年	「国際熱帯木材協定(ITTA)」採択			環境庁「酸性雨対策検討会」設置
1985年	FAO「熱帯林行動計画」策定	「オゾン層の保護に関するウィーン条約」採択		
1987年	環境と開発に関する世界委員会『我ら共有の未来』「持続可能な開発」	「オゾン層を破壊する物質に関するモントリオール議定書」採択		環境庁「成層圏オゾン層の保護に関する検討会」設置
1988年		「気候変動に関する政府間パネル」開催		環境庁「地球温暖化問題に関する検討会」設置
1990年				「地球温暖化防止行動計画」
1991年	IUCN、UNEP、WWFが「新・環境保全戦略―かけがえのない地球を大切に」発表（持続的開発のための具体的行動提唱）			

第1章 森林政策は、環境配慮へシフトした 37

年				
1992年	国連環境開発会議（地球サミット）「森林原則声明」「アジェンダ21」採択	「気候変動枠組条約」採択	ナイロビで「生物多様性条約」採択	「気候変動枠組条約」「種の保存法」
1993年	地球森林会議 FSC⑧設立			「環境基本法」「生物多様性条約」締結
1994年	「砂漠化対処条約」採択 ヘルシンキプロセス基準と指標採択			「第1次環境基本計画」
1995年	森林に関する政府間パネル（IPF）第1回会合 モントリオールプロセス基準と指標採択			「生物多様性国家戦略」
1997年	環境と開発に関する国連特別総会（IFF設置合意）森林に関する政府間フォーラム（IFF）第1回会合	地球温暖化防止京都会議（気候変動枠組条約第3回締結国会議）		「環境影響評価法」地球温暖化対策推進本部設置
1999年				「食料・農業・農村基本法」
2000年				FSC森林認証取得（速水林業）「グリーン購入法」
2001年	国連森林フォーラム（UNFF）			「森林・林業基本法」環境省設置
2002年	ヨハネスブルグ・サミット「ヨハネスブルグ宣言」アジア森林パートナーシップ	京都議定書批准	「ハーグ閣僚宣言」	「新・生物多様性国家戦略」「地球温暖化対策推進大綱」「バイオマス・ニッポン総合戦略」「自然再生推進法」

資料：各環境問題資料より作成

④ OECD（経済協力開発機構）Organization for Economic Cooperation and Development
⑤ IUCN（国際自然保護連合）International Union for Conservation of Nature and Natural resources
⑥ WWF（世界自然保護基金）Worldwide Fund for Nature
⑦ UNESCO（国連教育科学文化機関）United Nations Educational, Scientific and Cultural Organization
⑧ FSC（森林管理協議会）Forest Stewardship Council

「リオ宣言」は、環境と開発に関する国際的な原則を確立するための宣言であり、前文および 27 の原則から構成され、持続可能な開発に関する人類の権利、自然との調和、現在と将来の世代に公平な開発、グローバルパートナーシップの実現等を規定している。

環境と開発の統合のための 21 世紀に向けた具体的な行動計画である「アジェンダ 21」は、前文および 1．社会的・経済的側面、2．開発資源の保護と管理、3．主たるグループの役割の強化、4．実施手段の 4 部から構成されている。大気保全、森林、砂漠化、生物多様性、淡水資源、海洋保護、廃棄物等の具体的な問題についてのプログラムを示すとともに、その実施のための資金メカニズム、技術移転、国際機構、国際法のあり方等についても規定している。

「森林原則声明（The Declaration of forest Principle）」[9]は、前文および 15 の原則から構成されており、森林の経営、保全、持続可能な開発に貢献し、森林の多様かつ補完的な機能の保持と利用を行うための原則をうたった、世界で初めての合意文書である。

1993 年には、「アジェンダ 21」のレビューを行うために「持続可能な開発委員会（CSD）」が国連に設置された。CSD は、日本を含む 53 国連加盟国によって構成されている。1995 年の第 3 回国連持続可能な開発委員会(CSD3)において、CSD のもとに森林分野の広範な課題の検討を行うための「森林に関する政府間パネル（IPF）」が設置され、さらに、1997 年には「森林に関する政府間フォーラム（IFF）」に引き継がれ、2000 年には「国連森林フォーラム（UNFF）」が設立された。

1997 年には、気候変動枠組条約第 3 回締約国会議（COP3）が開かれ、EU、米国、日本などの先進国、およびロシアやルーマニアなどの経済移行国（附属書Ⅰ国）における温室効果ガスの将来排出量の定量的な削減目標や京都メカニズム、森林吸収源の吸収量の考慮など、気候の安定化に向けた様々な取

---

[9] 「森林原則声明」の正式な名称は「すべての種類の森林の経営・保全および持続可能な開発に関する世界的合意のための法的拘束力のない権威ある原則声明」

表 1.4　世界森林面積変化　1990-2000 年
― 10 年間で約 940 万 ha もの森林が失われた

地域	森林面積計 1990 年 (千 ha)	森林面積計 2000 年 (千 ha)	森林面積変化 1990 ～ 2000 年	
			年変化 (千 ha)	年変化率 (%)
アフリカ	702,502	649,866	－ 5,262	－ 0.8
アジア	551,448	547,793	－ 364	－ 0.1
ヨーロッパ	1,030,475	1,039,251	881	0.1
北・中米	555,002	549,304	－ 570	－ 0.1
オセアニア	201,271	197,623	－ 365	－ 0.2
南米	992,731	885,618	－ 3,771	－ 0.4
世界計	3,963,429	3,869,455	－ 9,391	－ 0.2

資料：FAO「世界森林白書（2001 年報告）」より作成

り組みについての京都議定書が採択された。しかしながら、こうした取り組みにもかかわらず 1990 年から 2000 年の 10 年間に全世界では、**表 1.4** にみるように約 9,400 万 ha もの森林が失われている。このため、2002 年 4 月には、オランダにおいて第 6 回生物多様性条約締約国会議が開催された。そこにおいて、「我々は、森林減少および森林の生物多様性の損失をくい止め、また木材および非木材資源の持続可能な利用を確実にすることについての約束を再確認するとともに、UNFF[10]、UNCCD[11]、UNFCCC[12]および他の森林関係のプロセスや条約と密接に協力し、さらにすべての関連のある利害関係者を含めることにより、すべてのタイプの森林の生物多様性を対象として、行動を基盤とする生物多様性条約の拡大作業計画の完全実施を約束する」という「ハー

---

[10]　ＵＮＦＦ（国連森林フォーラム）United Nations Forum on Forests
[11]　ＵＮＣＣＤ（砂漠化対処条約）International Convention to Combat Desertification in Countries Experiencing Serious Drought and/or Desertification, Particularly in Africa
[12]　ＵＮＦＣＣＣ（気候変動枠組条約）United Nations Framework Convention on Climate Change

表 1.5　世界森林面積年変化（2000-2005 年）—減少ペースは少なくなったが…

地域	(千 ha)	(%)
アフリカ	− 4,040	− 0.62
アジア	1,003	0.18
ヨーロッパ	661	0.07
北・中米	− 33	− 0.05
オセアニア	− 356	− 0.17
南米	− 4,251	− 0.50
世界計	− 7,317	− 0.18

資料：Global Forest Resources Assessment 2005 より作成

グ閣僚宣言」が採択された。

　こうした世界の動きを受けて、1990 年から 2000 年には年間 940 万 ha 減少していた森林面積が、2000 年から 2005 年には**表 1.5** にみるように年間 730 万 ha と減少の度合いが少なくなっている。ヨーロッパにおいては、90 年代と変わらず増加してはいるが、その速度は遅くなってきている。また、アジアでは、90 年代には年間 80 万 ha 減少していたが、2000 ～ 2005 年は、年間 100 万 ha 増えている。これは、中国での人工造林が飛躍的に増加しているためである。

　2001 年の「世界森林白書」によると、森林破壊と損失の原因は複雑で、地域ごとに大きく異なっている。直接原因と根本原因には違いがある。森林破壊の主要な直接原因には、病虫害、火災、産業材・薪炭材・その他林産物の過剰収穫、粗悪な収穫方法を含む生産林の経営失敗、過放牧、大気汚染、暴風雨のような極端な気候現象が含まれる。これら要因によって引き起こされる生息地破壊と野生生物の過剰捕獲が、森林に生息する野生生物減少の主要な原因である。根本原因には、貧困、人口増加、林産物市場と貿易、マクロ経済政策が含まれる、[13]とする。これらに対処するために、これまでみてきたような様々な地球レベルの取り組みが行われているのである。

---

[13]　「世界森林白書(2001 年報告)」による世界の森林面積は、38 億 7 千万 ha である。森林が陸地の 30％を占め、そのうち熱帯・亜熱帯の森林 56％、温帯・寒帯の森が 44％ある。全森林の 95％が天然林、5 ％が人工林と推定されている。
FAO「世界森林白書（2001 年報告）」、国際食料農業協会、2002 年、p.4

持続可能な森林経営のための基準と指標

モントリオールプロセスでは、1995年に持続可能な森林経営のための7基準と67の指標が合意され、日本もそれに基づいた森林の現況を調査しレポートとして提出している。しかし、日本の現状にあった基準と指標による管理の必要性から、現在、国内基準策定についても模索されている。

FSC森林認証制度では、FSCの10の原則とそれに基づいた56の基準に沿って審査が行われる。これも、国際的な基準である。2000年から、日本の実情にあった国内基準作成のためにFSC日本推進会議設立準備局などが中心となり、基準の草案づくりとそれによる模擬審査を重ねている。2007年現在、日本森林管理協議会（Forsta）内の同局において国内基準草案7まで検討が進み、その完成も近い。

Forsta
特定非営利活動法人日本森林管理協議会

また、国連環境開発会議の森林原則声明へ合意したことにより、各国はそれぞれの国家森林プログラムによって持続可能な森林経営に取り組んでいる。国家森林プログラムとは、繰り返し行われる森林分野の計画策定プロセスを指す。各国の社会経済、文化、政治および環境条件に合致した総合的な森林政策の枠組みを含むこのプロセスは、持続的な土地利用のための広範な計画に統合されており、利害関係者の参加を伴っている[1]。FAOが1998年に行った影響評価調査では、世界のほとんどの国で国家森林プログラムの策定がある程度は進んでおり、多くの国においては、国家森林プログラムの策定が森林関連政策や計画策定プロセスに正の影響を与えているという。しかし、多くの国では、財政面の制約やデータや情報の不足からその実施が遅れている。

国家森林プログラムには、「持続可能な森林経営」という概念をもとにした森林の保護・管理、つまり、社会的、経済的、環境的目的の均衡を図る動きを反映した、技術的、政策的、制度的対策（天然林における伐採量の減少、産業用木材の代替的素材の開発、伐採実施方法の改善、違法森林活動の削減、

表 1.6　持続可能な森林経営のための基準・指標への国際的取り組み

乾燥帯アフリカプロセス	タラポトプロポーザル	アフリカ木材機関イニシアチブ
汎欧州森林プロセス	近東プロセス	アジア乾燥林地域イニシアチブ
モントリオールプロセス	中米レパテリークプロセス	ＩＴＴＯ

資料：FAO「世界森林白書（2001年報告）」p.81 より

表 1.7　モントリオールプロセス基準と指標—12ヵ国が合意している

基準1	生物多様性の保全	（9指標） ・全森林面積に対する森林タイプごとの面積 ・森林タイプごとおよび齢級または遷移段階ごとの面積　等
基準2	森林生態系の生産力の維持	（5指標） ・木材生産に利用可能な森林の面積、年間伐採量 ・木材以外の産物の収穫量　等
基準3	森林生態系の健全性と活力の維持	（3指標） ・被害の発生面積、率 ・被害物質の量、濃度　等
基準4	土壌及び水資源の保全	（8指標） ・土壌浸食された森林面積 ・水資源の保全のための森林面積　等
基準5	地球的炭素循環への寄与	（3指標） ・バイオマスおよび炭素貯蔵量 ・地球上の炭素収支への寄与　等
基準6	社会の要請への対応	（19指標） ・木材および木材製品の生産額および量 ・非木材製品の生産額および量　等
基準7	法的、制度的、経済的枠組み	（20指標） ・土地保有制度の適切さ ・国民の参画活動や公的な教育・普及プログラムの規定、および森林関連情報入手の可能性 ・森林生産物の非差別的貿易政策　等

資料：平成12年度「林業白書」P.163 より作成

地域社会に根ざした森林経営の増加）が講ぜられる必要がある。この概念は、多くの国において、森林政策・法制度や森林経営の実施方法に変化をもたらした。後に章をかえて述べるが、日本では、2001年に改正された森林・林業基本法の第11条に、「政府は、森林及び林業に関する施策の総合的かつ計画的な推進を図るため、森林・林業基本計画を定めなければならない」と、国家森林プログラムとしての森林・林業基本計画を規定している。

第1章　森林政策は、環境配慮へシフトした　43

　持続可能な森林経営の進捗度を測るには、そのための基準と指標が必要である。基準と指標の開発・実施に向けた国際的取り組みは、2000年現在、**表1.6**のように、生態域ごとに区分された全部で9つの基準・指標のプロセスに149ヵ国が参加している[2]。日本は、アメリカ、カナダ、ロシア、中国等とともに、欧州以外の温帯林等を対象とした「モントリオールプロセス」に参加し、国際的なフォローアップ作業を進めている。

　モントリオールプロセスを構成する12ヵ国で、世界全体の温帯林等の約90%、森林面積の60%、人口の35%、木材貿易量の45%をカバーしている[3]。モントリオールプロセス参加国の政府代表によるワーキング・グループは、1994年のジュネーブにおける第1回会合を皮切りに会合を重ね、1995年、**表1.7**のように7つの基準と67の指標を合意した。その後、基準と指標の適用方法等についての協議を行い、それらの成果は1997年の「第1回概要レポート」や各国ごとの基準と指標に関する達成状況等を取りまとめた「2000年プログレス・レポート」に示されている。

引用文献
(1) FAO「世界森林白書（2001年報告）」、国際食料農業協会、2002年、p.189
(2) 前掲書(1)、p.81
(3) 林野庁HPより

44　第1章　森林政策は、環境配慮へシフトした

第3節　森林認証制度

1　森林認証制度の成立

　森林認証制度も国際的取り組みのひとつであるが、後の章とも関連するので、ここに節を設けて、FSC森林認証制度を中心にその動きをみておく。

　環境問題の中で、持続可能な森林経営を実現することは、世界の大きな課題である。とくに熱帯林の消失の問題は、1980年代に、地球規模で考えるべき環境問題であることが世界的に認識された。それでも歯止めがかからない熱帯林の違法伐採に対する環境保護運動として、欧米諸国の消費者が熱帯材・製品ボイコット運動を始めたのが1980年代末である。その不買運動のターゲットとなったイギリスの大手DIY企業らは、WWFの勧めにより、1995年までに適切に管理された森林からの木材のみを取り扱うことを目標とするバイヤーズ・グループを結成した。WWFは一方で、適切な管理を行っている森林を認証する制度を模索し始める。これと平行して、アメリカの環境NGOや認証会社も森林や木材の認証に取り組んでいた。それらの組織が、世界で共通の認証の枠組みを持つことが必要だとして、3年にわたる協議を経て1993年、WWFをはじめとする環境NGO、木材・流通関連団体、先住民団体、林業者などの代表者25ヵ国130人により、森林管理協議会（Forest Stewardship Council、以下FSC）が設立された。FSCの大きな特徴は、消費者団体の不買運動に端を発し、民間の団体によって結成された非営利の国際

---

① ISO（国際標準化機構）のISO14001は、1996年に発行され、2004年に改訂が行われている。ISO14001は、「組織のマネジメントシステムの一部で、環境方針を策定し、実施し、環境側面を管理するために用いられるものである」と定義される。2003年時点で、日本企業のISO14001取得件数は1万3416件で、世界最多である。環境経済・政策学会編『環境経済・政策学の基礎知識』、有斐閣、2006年、p.362より
日本では、1999年に住友林業株式会社の森林が最初の認証を受けている。

第1章　森林政策は、環境配慮へシフトした　45

表1.8　世界の主な森林認証―多くのシステムがつくられている

森林認証・ラベリングの名称	設立年	本部	概要
FSC*	1993年	ドイツ	・WWFを中心に発足 ・世界的規模で森林認証を実施 ・10原則56基準の遵守が認証条件 ・国別・地域基準が設定できる。日本基準作成中 ・FSCの認定を受けた認証機関が審査
PEFC**	1999年	ルクセンブルグ	・ドイツを中心に14ヵ国の民間団体が集結して創設 ・持続可能な森林管理のための政府間プロセスをベースに、各国で個別に策定された森林認証制度の審査およびそれら制度間の相互承認を推進するための国際統括組織 ・利害関係者から独立した第三者による認証の実施
AF&PA SFI***	1994年	アメリカ	・1994年、原則と目標を策定し会員企業に実施を要求 ・1999年、第三者による審査を行うことを決定 ・持続可能な森林経営の実現を最終ゴールとする原則と目標の遵守が審査基準
CSA****	1996年	カナダ	・ISO14001CCFM(Canadian Council of Forest Ministers)の持続可能な森林経営の基準と指標から、森林そのものの認証と管理システムの認証を合わせた独自の認証規格を開発
UKWAS*****	1999年	イギリス	・イギリス独自の認証基準 ・FSCと相互認証しておりUKWASが認証した森林からの木材にはFSCのラベルを貼ることが可能 ・1999年末、UK Forestry Commission管理森林（国有林）80万haが認証、イギリス国内生産材の60%が認証木材

*Forest Stewardship Council
** Programme for the Endorsement of Forest Certification Schemes
*** American Forest and Paper Association, Sustainable Forestry Initiative
****Canadian Standards Association
*****UK Woodland Assurance Scheme
資料：平成13年度森林・林業白書を参考に、内容を更新し作成

会員制組織であることである。

　なお、1947年に設立されたISO（国際標準化機構）にも、1998年に、環

境マネジメントシステムである ISO14001[①]に持続可能な森林経営に関する基準がおりこまれた。ISO に登録された各国の認定機関が認定した認証機関が認証を行うものであるが、環境保護に対する組織のコミットメントの実証であり、ラベリングもされない。

FSC 設立以降、**表 1.8** にみるように、ヨーロッパに PEFC[②]、アメリカに SFI、カナダに CSA、さらにスウェーデンに SFCS、フィンランドに FFCS などの多くの森林認証システムがつくられた。しかし、それらは地域の森林を対象としたものであり、世界統一基準で認証を行うシステムをもつのは FSC だけであった。イギリスでは UKWAS という国内認証基準がつくられたが、これは FSC と相互認証するもので、収穫された木材・製品には FSC のラベリングがされる。なお、PEFC は現在ヨーロッパだけではなく全世界での認証を行っており、認証面積としては FSC を抜いて増加しつつある[③]。

また、地域認証制度として、日本にも 2003 年に「緑の循環認証会議（以下、SGEC）」が設立された。「SGEC は「業界主導」の認証制度であることから[(1)]」、マーケットにおける外材認証材への対抗策という面が強く後押ししたといわれる。

2　FSC 認証制度

FSC 森林認証制度[④]は、前述のように 1993 年に環境 NGO を中心に設立され、当初本部はメキシコに置かれた[⑤]。

FSC 森林認証制度の仕組みは、まず、FSC それ自体が認証を行うのではなく、認証機関を認定する機関として機能している。FSC に認定された各認証機関

---

② PEFC（Pan European forest Certification）は、改称されて現在は Programme for the Endorsement of Forest Certification schemes である。
③ PFEC は、改称後はヨーロッパだけでなく世界中に展開する相互認証制度となっている。
④ 森林認証制度は、独立した第三者機関が、森林管理をある基準に照らし合わせ、それを満たしているかどうかを評価・認証する制度である。
⑤ 2007 年現在、FSC 本部はドイツのボンにある。

第1章 森林政策は、環境配慮へシフトした 47

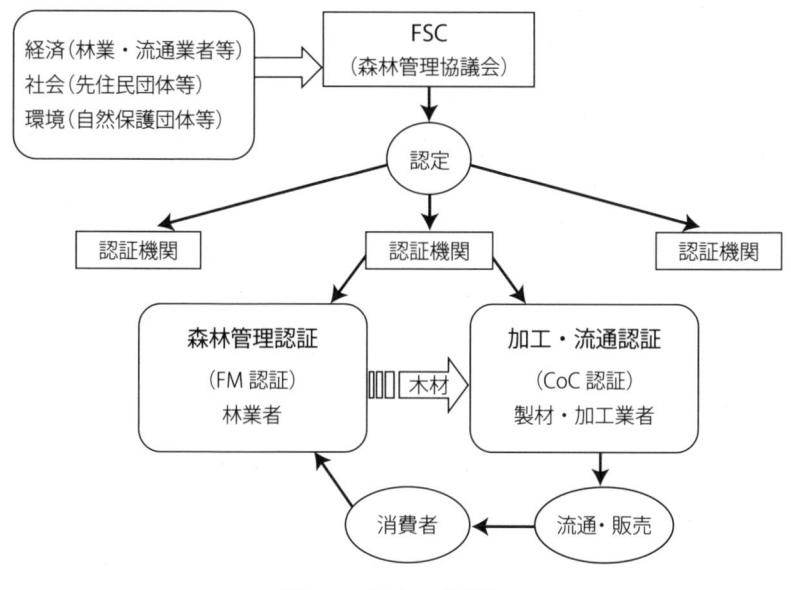

```
経済(林業・流通業者等)
社会(先住民団体等)      →   FSC
環境(自然保護団体等)         (森林管理協議会)
                              ↓
                             認定
                    ↙         ↓         ↘
              認証機関     認証機関      認証機関
                          ↙      ↘
                  森林管理認証  →木材→  加工・流通認証
                  (FM認証)              (CoC認証)
                  林業者                 製材・加工業者
                     ↑                      ↓
                   消費者  ←         流通・販売
```

図 1.1　FSC の仕組み

は「認証プログラム」を作成し、それによって審査を行う。2006年9月現在、世界で16の認証機関が認定されている。その中で、日本においてこれまで実績のある認証機関は、**表 1.9**にある4機関である。

認証の種類は、適切な管理を行っている森林を審査し認証する森林管理認証（Forest Management、以下、FM認証）と、認証された森林から伐り出された木材やその加工品であることが実証されるような管理がなされていることを認証する加工・流通認証（Chain of Custody、以下、CoC）である。適正に管理された森林から伐出した材であること、認証された木材から加工された製品であることが証明できるものにラベリングをして、消費者はそのラベリングされた商品を積極的に買うことで、森林を守るという循環が生まれ

表 1.9　日本で認証を行った認証機関―これまでに 4 機関が実施

Scientific Certification System（SCS）	SGS
Smart Wood（SW）	Soil Association（SA）

るのである。

　FSC は、森林管理に社会、経済、環境の各側面からかかわる広範囲の利害関係者のグループや組織および個人を会員とする。2006 年 9 月現在 647 組織・個人の会員で構成されている[6]。現在、日本からの会員は、WWF ジャパンをはじめとする 5 組織と 4 人の個人である[7]。会員は、社会・経済・環境の 3 つの部門（Chamber）で構成され、それぞれのグループは北（先進国）と南（途上国）というサブグループに分かれる。日本の会員は、北の社会部門 1 名、北の経済部門 4 組織、北の環境部門 1 組織と 3 名である。会員になるには、FSC および FSC の原則と基準に対し責任を果たすこと、そして世界の森林において責任ある管理を約束することが求められる。会員は、基準の作成、理事会役員の選出や組織の方向性を決める際の投票権を持ち、FSC の作業プロセスに参加することになる。

　FSC の資金源は、慈善団体、政府からの拠出金、会費、認定料である。組織の独立性を確保するため、産業界などからの寄付は受けていない[8]。

　認証の審査は、通常、認証機関からの 2 人以上の審査員によって、10 の原則と 56 の基準に基づいて書類審査と現場審査が行われる。認証に値すると認められ認証を取得した場合は、FSC のロゴマークをつけた木材・製品を流通させることができる。認証の有効期間は 5 年間であるが、毎年年次監査を受け、改善勧告を受けた場合は速やかに改善しなければならない。改善できなければ、認証が取り消される場合もある。5 年毎に、再び本審査が行われる。

　2006 年 12 月の FSC 国際本部による集計では、森林管理認証は、全世界

---

[6]　FSC の HP　http://www.fsc.org/en/ より
[7]　筆者は、FSC の個人会員として北の環境部門（Environmental-North Chamber）に属している。
[8]　FSC 日本推進会議設立準備局 HP　http://www.fsc-japan.org/ より
ちなみに個人会員の会費は、北（先進国）は年間 100 ドル（約 12,000 円）である。南（途上国）の会費はそれよりも安く 38 ドル（約 4,600 円）である。組織会員はその組織の規模によって違うが、南は北の半額となっている（2006 年現在）。

表 1.10　FSC 森林管理認証 10 原則―これに基づき審査が行われる

原則1	すべての法律や国際的な取り決め、そして FSC の原則を守っている
原則2	森林を所有する権利や利用する権利が明確になっている
原則3	昔から森に暮らす人々（先住民）の伝統的な権利を尊重している
原則4	地域社会や労働者と良好な関係にある
原則5	豊かな収穫があり、地域からも愛され利用される森である
原則6	多くの生物がすむ豊かな森である
原則7	調査された基礎データに基づき、森林管理が計画的に実行されている
原則8	適切な森林管理を行っているかどうかを定期的にチェックしている
原則9	貴重な自然の森を守っている
原則10	人工林の形成が自然の森に影響を及ぼしていない

資料：森林認証制度研究会「豊かな森づくりのための世界的な取り組み」2003 年より

で 75 ヵ国、899 ヵ所、認証面積は 8,718 万 4,660ha。日本は 24 ヵ所、認証面積 27 万 6,534ha である。また、CoC 認証は、全世界で約 5,660 件、日本は約 420 件。件数の多さでは、日本はアメリカ、イギリス、ドイツについで 4 番目である。

　FSC 森林認証制度は、世界的には森林の消滅への危機感から始まったものであるが、日本においては、環境に配慮した森林管理を前面に出しつつ、森林の管理経営情報を広く消費者に届けることで、結果としてマーケットにおける環境配慮循環の形成をねらっている。

　2000 年、日本で最初に FSC 森林認証を取得した三重県の速水林業の経営者である速水亨氏は、以下の理由で森林認証を取得すべきだと考えたという。「日本の林業は"保続"という形で国土の緑化に貢献してきた。だが、国際的な森林環境に対する要求は、もっと積極的な配慮を要求している。まず、配慮が行き届いた施業を実施した後に、それを誰にでも理解できるように明確にしなければ、賢明な消費者には通用しない。そのためには国際的な規格や基準によって、認証を受けることが必要になってくる。国産材は、"木材乾燥"ニーズへの対応が遅れたために住宅マーケットに取り残され、外材にシェアを奪われた。環境認証で同じ轍を踏まないように…」[2] 国産材を世界の基準で評価してもらい、環境配慮と同時に世界市場にも対応できるような体制が

必要だと考えて認証取得に向かったことがわかる。

　FSC の森林認証の制度内容を、審査のポイントや森林管理者に求められること等実情に迫り、理解の一助としよう。

　まず、森林認証は国の政策ではなく、森林所有者が自主的に取り組むものである。取り組んだからといって補助金が出るわけでもなく、むしろ審査料という出費を伴う。さらに、環境管理のためのコスト負担も加わる。認証製品に価格プレミアムが付くかというと、現実にはそういう例はほとんどない[9]。しかし、非認証品との差別化はできるので、国や企業のグリーン購入や消費者の選択肢の中での優先順位を上げることは可能であろう。国際的な市場でも諸外国の材に対抗できるツールになるともいえる。森林所有者は、自主的に、これまでの林業政策の枠の中では求められなかった世界の基準に合う森林管理を行っていかなくてはならない。

　次に大切なのは、透明性の確保である。森林所有者は、さまざまな利害関係者に自らの森林の管理についての説明責任を負う。FSC の審査時にも、地域の利害関係者に集まってもらう公聴会を設け、意見を聞き、管理方策についての同意を求めることが必要である。審査の過程についての公開だけでなく、地域社会や経済の持続性までを考慮した管理を行うことを、対外的に証明しなければならない。それは、常に行われるモニタリングの作業によっても証明されるであろう。モニタリングは、森林所有者が森林管理計画の実効性を確かめるために行うと同時に、環境影響を評価して、その結果を地域住民に公開するものでなければならない。公開することによって、地域全体で管理する意識をもち、その多面的機能をみんなが享受していることを確認するのである。その限りで FSC 森林認証は、地域住民全体の環境認識ツールと

---

[9]　田家によると、認証取得による需要の増加と価格プレミアムは実現していないという結果が出ている。認証に期待したメリットは、外部信頼・アピール、プレミアム・市場優位性というものが多かったが、実際には、外部信頼・アピールと、森林管理の改善・施業コストの引き下げなどがメリットとして現れてきている。田家邦明「森林認証の可能性について」、2006 年林業経済学会秋季大会、口頭発表資料より。

いえる。

引用文献
（1）根本昌彦「日本の森林認証制度」森林文化協会『森林環境2004』、築地書店、p.97
（2）速水亨「森林認証制度の日本への適用について－FSC森林認証を取得して－」、遠藤日雄『スギの新戦略Ⅱ　地域森林管理編』、日本林業調査会、2000年、p.237

第 **2** 章

日本の森林政策の変貌と特徴

　林業基本法制定から30余年の間に、日本の林業を取り巻く情勢は大きく変わった。輸入材の増加による国産材価格の低迷、森林への多様な要請、さらには地球環境問題への取り組み等。その結果、林業政策は大きな転換を迫られたのである。
　この章では、まず、林業基本法が改正されて森林・林業基本法へ、つまり日本における木材生産から環境重視政策への転換過程についてみていく。新基本法の制定とともに、森林法の改正や、森林計画制度を見直し、森林・林業基本計画の策定が行われた。
　さらにこの章では、地球環境をめぐる国際的制度に対応した森林政策の特徴的なものをいくつかあげた。近年の森林政策は、国際動向に合わせるように策定・拡充されており、国民の理解や参加を得ることが義務づけられている。しかし、それら政策が国民に浸透するまでには至っていない。

第1節　林業基本法から森林・林業基本法へ

　世界の森林は減少・劣化を続けているが、日本の森林は国土面積約3,770万haのうち約2,500万ha（68％）を占め安定している。森林率でみると日本は世界有数の森林国である（表2.1）。しかし、その森林面積の4割を超える人工林は、後述のように、長く続いてきた林業の不振によって当初の目的である木材としての収穫が行われず、放置された状態にあるものが少なくない。人工林が、間伐もされず、林冠が密閉して林床には陽があたらず草も生えない状態になると、生物多様性は低くなり、雨が降るとむき出しの地表から土砂が流失して下流で洪水が起こる。

　木材資源政策のもと、適切な林業活動が行われれば自ずと国土は保全され、さらには山村の振興にもつながるといった予定調和論は、木材価格の大幅な下落からその回路は作動しなくなった。林業生産を基軸とする管理のあり方や政策に疑問が呈されたのである。

　ここでは、林業基本法と森林・林業基本法を中心に、木材生産から環境重視へと転換を遂げる日本の森林政策についてみていく。

1　林業基本法の制定とその概要

　1964年に林業基本法が制定されるまでの森林・林業政策は、第2次世界大戦の戦中・戦後の乱伐によって荒廃した森林の復旧に重点が置かれていた。しかし、経済成長に伴って、木材の需要は、エネルギー革命による薪炭材の需要の減少と、建築用材やパルプ材需要の増加といった方向へ変化し拡大していった。1959年以降の高度成長期に入っても、用材の需要は伸び続けるが、当時はまだ木材輸入が制限されており、一方でその需要に充分対応できる森林資源は国内に存在せず、供給が需要に追いつかずに立木価格は高騰し、民有林での活発な造林をひき起こすことになった。長期にわたり増加する需要を背景に木材供給のための政策が必要となったのである。燃料としての薪

表 2.1　日本の森林資源の現況
―面積・蓄積とも世界に誇れる数字ではあるけれど…

（単位：千 ha, 万 m³）

区分			総数		立木地				無立木地		竹林面積
					人工林		天然林				
			面積	蓄積	面積	蓄積	面積	蓄積	面積	蓄積	
総数			25,121	404,012	10,361	233,804	13,349	170,086	1,255	122	156
国有林	総数		7,838	101,129	2,411	36,824	4,770	64,209	656	97	0
	林野庁所管	総数	7,641	98,961	2,384	36,419	4,633	62,445	624	97	0
		国有林	7,524	97,163	2,289	34,649	4,630	62,424	604	90	0
		官行造林	107	1,791	95	1,770	3	21	10	0	0
		対象外森林	10	6	0	0	0	0	10	6	0
	その他省庁所管		197	2,169	28	405	137	1,764	32	0	0
民有林	総数		17,283	302,883	7,949	196,980	8,579	105,877	598	26	156
	公有林	総数	2,796	43,301	1,232	25,483	1,426	17,802	133	16	5
		都道府県	1,200	17,450	476	9,021	665	8,419	59	11	0
		市町村・財産区	1,596	25,851	756	16,462	762	9,383	73	5	5
	私有林		14,440	25,903	6,705	17,124	7,126	87,782	461	10	149
対象外森林			46	548	12	254	27	294	4	0	3

資料：林野庁業務資料
注1：森林法第2条第1項に規定する森林の数値である。
注2：「無立木地」は、伐採跡地、未立木地である。
注3：更新困難地は天然林に含む。
注4：対象外森林とは、森林法第5条に基づく地域森林計画及び同法第7条2に基づく国有林の地域別の森林計画の対象となっている森林以外の森林をいう。
注5：総数と内訳の計が一致しないのは四捨五入によるものである。
注6：平成14年3月31日現在の数値である。

炭材の需要は大きく減少し、薪炭生産による所得を失った山村部からは都市部への人口流出が始まった。都市と農山村の格差の問題が顕著になり、山村における産業振興を図り、山村住民の所得の増大を図ることも重要な課題となった。このような背景から、林業基本法は制定されたのである。つまり、需要の増加と価格の高騰による林業にとっては黄金期ともいえるこの時期における政策の柱はまさに林業のための政策であった。

　林業基本法の狙いは、**図 2.1** にみるように、「林業総生産の増大」、「林業

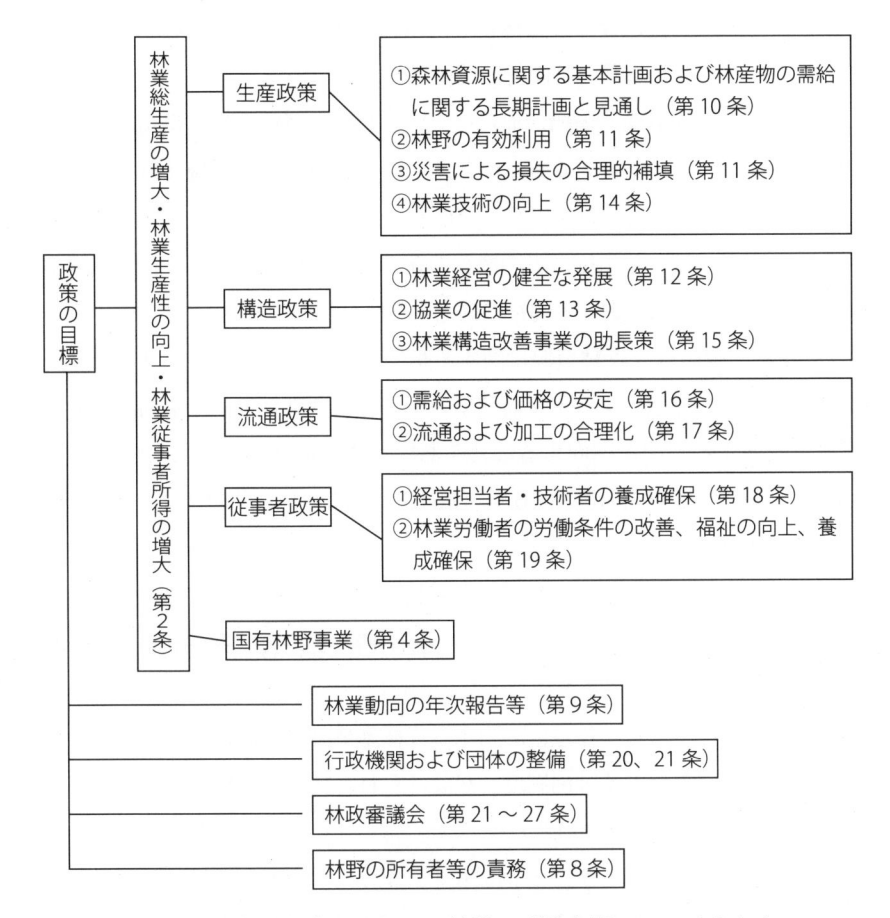

```
                    ┌─ 生産政策 ── ①森林資源に関する基本計画および林産物の需給
                    │              に関する長期計画と見通し（第10条）
         ┌─ 林業総 │            ②林野の有効利用（第11条）
         │  生産の  │            ③災害による損失の合理的補填（第11条）
         │  増大・  │            ④林業技術の向上（第14条）
         │  林業生
         │  産性の  ├─ 構造政策 ── ①林業経営の健全な発展（第12条）
政策の    │  向上・  │            ②協業の促進（第13条）
目標  ────┤  林業従  │            ③林業構造改善事業の助長策（第15条）
         │  事者所
         │  得の増  ├─ 流通政策 ── ①需給および価格の安定（第16条）
         │  大（第  │            ②流通および加工の合理化（第17条）
         │  2条）
         │          ├─ 従事者政策 ─ ①経営担当者・技術者の養成確保（第18条）
         │          │              ②林業労働者の労働条件の改善、福祉の向上、養
         │          │                成確保（第19条）
         │          └─ 国有林野事業（第4条）
         ├─ 林業動向の年次報告等（第9条）
         ├─ 行政機関および団体の整備（第20、21条）
         ├─ 林政審議会（第21～27条）
         └─ 林野の所有者等の責務（第8条）
```

図2.1　林業基本法の仕組み―林業の「黄金期」につくられた
資料：「新しい森林・林業基本政策について」森林・林業基本政策研究会、2002より作成

生産性の向上」、「林業従事者の経済的社会的地位の向上」という政策目標のもと、以下のような施策を推進することとなった。

① 生産施策　森林を林業生産の場として高度に活用する観点から、成長の遅い天然林から林業生産力の高い人工林への積極的改造（拡大造林、奥地天然資源の開発など）の施策を推進

② 構造政策　山村の林業従事者の多くを占める小規模な森林所有者を中心に近代的な林業を確立していく観点から、入会林野の近

代化等による林業経営の規模拡大、森林組合等を中心とした施業の共同化、機械化の推進
③ 需給・流通対策　需給が逼迫している状況を背景に価格供給の安定を図る観点から、木材の備蓄事業の実施、外材輸入の適正円滑化を推進
④ 従事者対策　林業従事者の教育の充実、雇用環境の改善、社会保障の充実など福祉の向上のための施策を推進

　1966年、政府は「森林資源に関する基本計画」を策定した。「同計画は、その大綱において増大する木材需要に対応するよう森林資源が最高度にその機能を発揮する状態を指向することをあげ、拡大造林の推進により766万haの人工林を50年後の昭和90年（2015年）までに1,432万haとすることなどを計画した」[1]のである。

　また、林業基本法の制定により、基本法の「基本計画と長期の見通し」（第10条第1項）に沿って、5年毎、15年を1期とする全国森林計画および地域森林計画が立てられることになった。さらに、1968年の森林法改正によって、個別の森林所有者が任意に計画する森林施業計画を農林大臣あるいは知事が認定する「森林施業計画制度」が設けられ、林業基本法下における森林計画制度の体系ができあがった。

　しかし1970年代に入ると、経済成長の鈍化から、木材需要は減少へと転じ、さらに外材の輸入拡大や住宅の非木造化による代替材の進出など、木材をめぐる状況は大きく変わり始めた。高度成長によってもたらされた都市を中心とする生活環境の急速な悪化、公害問題の深刻化などから、国民の野外レクリエーション活動が活発化し、森林には、これまでの経済面以外への要請が高まっていくのである。1971年には環境庁が設置され、72年には自然環境保全法が制定されて、森林は環境保全の対象となっていく。

　1986年には、林政の転換を指示する林政審答申が公表される。その答申では、国産材時代の実現に加えて、「文化・教育面での機能を含めた森林の公益的機能そして多様化する木材需要に対応しうる多様な森林を育てる」とい

う「森林政策」が強調されている。その具体的内容は、①複層林の造成、②天然林施業の展開および広葉樹の積極的な造成、③自然保護をより重視した森林施業、④森林の総合的利用の観点からの林地の立地条件に応じた多様な森林の整備、⑤木材供給力を平準化するための伐採年齢の多様化、長期化等を踏まえて森林整備方針の転換を図る、⑥林道整備の推進、の6項目であった。この答申を受けて、造林補助体系も、拡大造林から保育の実施、複層林・広葉樹林造成、天然更新の重視などを織り込んだものへとシフトしている(2)。

　林業基本法のもとでは、2つの特徴的政策が出されている。そのひとつは地域林業政策である。低成長下の中央集権・画一主義などに対して、新時代のキャッチフレーズとして「地方の時代」が提唱され、それに乗った形で打ち出されたのが地域重視の地域林業政策であった。地域林業政策では、「国内の生産・加工・流通体制が弱点であるとの認識に立ち、森林資源の成熟化に伴う生産・加工・流通体制の効率化を図ることが目的とされた。林家や森林組合といった"川上"から、地域一体となっての生産活動へ政策対象がシフトしたのである」(3)。地域の範囲も、「町村内の一部地域から町村域へ、そして町村を越えて広域なものへと重層化し、多様化しており、そこでの政策客体もこれまでの森林組合集中から農協、素材業者・製材業者・流通業者、それらの組織体へと拡大していた。こうした中でオルガナイザーとしての市町村の役割が格段に強化されたのであり、地域林業政策の展開は、同時にわが国林政への市町村取り込みによる森林管理機構の再編ともなっている」(4)のである。

　2つめは森林の流域管理システムである。森林法の改正により1991年度から推進されたこのシステムの課題は2つあり、ひとつは多様な森林の整備、もうひとつは国産材産地形成のための加工・流通面の整備である。「地域林業政策で考えられていた「育林－伐出－素材流通－製材・加工－製品流通」のシステムを、曖昧模糊とした「地域」で括らずに、「流域」という明確な単位で形成しようというものであり、この意味では流域管理システムは、地域林業政策の強化政策であると言える(5)」。遠藤は、流域管理システムの特徴を、

地域林業との違いも含めて以下のように整理している(6)。「①地域林業政策で想定されていた"育林－伐出－素材流通－製材・加工－製品流通"のシステムが育林部門と伐出以降の過程に2分割され、育林は森林整備の概念に置き換えられたこと、②林業生産及び林産業の枠組みを「流域」に求め、地域林業政策のそれよりも広域になったこと、③地域林業形成の取り組みが「地域ぐるみ」や「地域の主体性」といった抽象的なスローガンであったものから、流域における市町村、森林組合、素材生産業者、木材加工・流通業者などによる活性化協議会の設置という具体的なものに求めていること」である。

2 森林・林業基本法へ

(1) 林業をめぐる変化と林業基本法の改正

表2.2は、1955年頃と2000年頃の森林・林業をめぐる状況を比較したものである。林業を取り巻く情勢は、林業基本法制定後37年を経て大きな変化を遂げ、輸入材の増加に伴って木材価格は低迷し、林家の林業収入は図2.2にみるように大きく減少した。加えて、森林に対する国民の要請は多

表2.2 森林・林業をめぐる状況—大きな変化を迫られた

	昭和30年代（林業基本法）	平成12年（森林・林業基本法へ）
木材需給の動向	高度経済成長により急増した木材需要に供給が追いつかず、需給が逼迫	木材（用材）需要量の8割は輸入材により供給され、国産材の生産は長期的に減少
国民の要請	木材供給の拡大と価格の安定が緊急の要請	森林の持つ多面的な機能の発揮への要請が増大
森林整備の方向	木材供給力の増大のための奥地未開発林の開発と針葉樹人工林への転換	人工林における間伐の的確な実施と、公益的機能を重視した長伐期施業・複層林施業の推進
森林所有者の動向	旺盛な木材需要を背景として、森林所有者の造林や木材生産に対する意欲は活発	林業の採算性の低下や森林所有者の世代交代により、林業経営意欲や森林への関心が減退
公益的機能の発揮	林業を振興することにより自ずと森林の整備も促進され、公益的機能も発揮されると想定	間伐されない人工林や植林されない伐採跡地が目立ち、公益的機能への悪影響も懸念

資料：平成12年度「林業白書」より

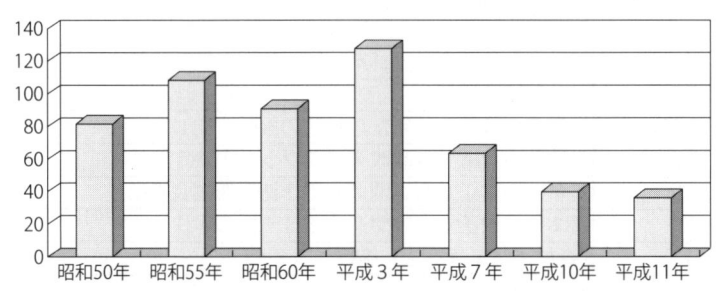

図 2.2　林家における林業所得の推移—平成 3 年をピークに減少
資料：農林水産省「林家経済調査報告」平成 12 年　（単位：万円）

表 2.3　総理府世論調査による「森林に期待する役割の変化」
　　　　—「温暖化防止」への期待が高まってきた　　（単位：%）

順位	昭和 55 年 (1980)	昭和 61 年 (1986)	平成 5 年 (1993)	平成 11 年 (1999)
1	災害防止 (61.5)	災害防止 (70.1)	災害防止 (64.5)	災害防止 (56.3)
2	木材生産 (55.1)	水資源涵養 (49.0)	水資源涵養 (59.0)	水資源涵養 (41.1)
3	水資源涵養 (51.4)	大気浄化・ 騒音緩和 (36.6)	野生動植物 (45.4)	温暖化防止 (39.1)
4	大気浄化・ 騒音緩和 (37.3)	木材生産 (33.1)	大気浄化・ 騒音緩和 (37.9)	大気浄化・ 騒音緩和 (29.9)
5	保健休養 (27.2)	保健休養 (25.4)	木材生産 (27.2)	野生動植物 (25.5)
6	林産物生産 (18.4)	野外教育 (20.8)	野外教育 (14.0)	野外教育 (23.9)
7	その他 (0.3)	林産物生産 (12.3)	保健休養 (13.6)	保健休養 (15.5)
8		その他 (0.0)	林産物生産 (9.7)	林産物生産 (14.6)
9			その他 (0.3)	木材生産 (12.9)
10				その他 (0.2)

資料：平成 11 年「林業白書」p.13 より

様化し、水源涵養、国土や自然環境の保全、地球温暖化の防止、レクリエーションや教育の場としての利用など、多方面にわたる機能が要請されるよう

表 2.4 林業基本法改正検討の経緯— 2001 年に新基本法施行

1999.5.11.	「森林・林業産業基本政策検討会」の設置
1999.7.9	検討会報告「森林・林業・木材産業に関する基本問題」
2000.7.27	林政審議会開催
2000.10.11	林政審議会報告「新たな林政の展開方向」
2000.12.7	林政改革大綱・林政改革プログラムの決定
2001.3.16	基本法の改正法案等関連する3法案を国会提出
2001.6.29	基本法の改正法案等関連する3法案の可決
2001.7.11	「森林・林業基本法」施行
2002.4.1	森林法施行

資料：林野庁 HP 資料より作成

になった（**表 2.3**）。さらには、地球環境問題への取り組みが重要となり、森林を生態系と捉え、森林に対する多様な要請に永続的に対応すべきという「持続可能な森林経営」の推進に向けて、国際社会が一体となって取り組むことが求められるようになった。林業振興を基軸としてきた日本の林業政策は、大きく方向転換を迫られたのである。今後はより林業をめぐる情勢が厳しくなることが予想される中で、どのような手段でそれらのニーズに応えていくかを考える必要が出てきた。そこで、森林・林業政策を、木材生産中心から、森林の有する多面的機能の発揮のための政策へ転換するという観点から、林業基本法の抜本的な見直しを行うことになったのである。

表 2.4 は、その見直しから森林・林業基本法施行までの過程を表にしたものである。

この表にみるように、2000 年 12 月に「林政改革大綱」および「林政改革プログラム」が取りまとめられ、2001 年 3 月の国会に林業基本法の改正案が提出された。同年 6 月には法案が可決され、7 月から「森林・林業基本法」が施行されたのである。

（2）森林・林業基本法の理念

制定の背景としては、①森林に対する国民の要請の多様化、②林業を取り巻く情勢の変化、③管理不十分な森林の増加、④国際的な動向、が挙げられる[7]。

表 2.5 林業基本法と森林・林業基本法の比較—政策の基軸を転換

	林業基本法	森林・林業基本法
主な内容	・林業生産の増進および林業構造の改善 ・林産物の需給および価格の推移 ・林業従事者 ・林業行政機関および林業団体	・森林・林業基本計画 ・森林の有する多面的機能の発揮に関する施策 ・林業の持続的かつ健全な発展に関する施策 ・林産物の供給および利用の確保に関する施策 ・行政機関および団体
目的	（法律の目的） 国民経済の成長発展と社会生活の進歩向上に即応して、 ・林業の発展 ・林業従事者の地位の向上 ・森林資源の確保 ・国土の保全 のため、林業に関する政策の目標をあきらかにし、その目標達成に資するための基本的な施策を示すこと （政策の目標） ・林業総生産の増大 ・林業の安定的な発展 ・林業従事者の経済的社会的地位の向上	（目的） ・森林および林業に関する施策について、基本理念およびその実現を図るのに基本となる事項を定める ・国および地方公共団体の責務等を明らかにすることにより、森林および林業に関する施策を総合的かつ計画的に推進 もって国民生活の安定向上および国民経済の健全な発展を図ること （基本理念） ・森林の有する多面的機能の発展 ・林業の持続的かつ健全な発展

「森林・林業基本法」と「林業基本法」の大きな違いは、**表 2.5** にみるように、木材生産中心の政策から森林の多面的な機能の持続的発展を図る政策への転換である。

「森林・林業基本法」の基本的政策理念は、大きく2つ掲げられる。そのひとつは「森林の有する多面的機能の発揮（法第2条）」であり、もうひとつは「林業の持続的かつ健全な発展（法第3条第1項）」である。

「森林の有する多面的機能の発揮」については、森林の有する多面的機能が持続的に発揮されることが国民生活および国民経済の安定に必要不可欠なものであると位置づけ、適正な整備・保全を図るとしている。さらに、そのためには、山村における林業生産活動が継続的に行われることが重要とされて

表 2.6 森林の多面的機能の評価―貨幣換算すると…

機　能	評価額	算定根拠
二酸化炭素吸収	12,391 億円 (12,391 億円)	火力発電所で行われている二酸化炭素の回収コスト
表面浸食防止	282,565 億円 (282,565 億円)	森林によって抑制される表土浸食の土砂量をもとに算出した、堰堤の建設費
表層崩壊防止	84,421 億円 (84,421 億円)	森林によって崩壊が軽減される面積をもとに算出した、山腹工事費用
洪水緩和	64,688 億円 (55,688 億円)	100 年間に予測される雨量のうち、森林によって軽減される洪水流量をもとに算出した、治水ダムの減価償却費及び年間維持費
水資源貯留	87,407 億円 (87,407 億円)	森林土壌が貯えている流域の水量をもとに算出した、利水ダムの減価償却費及び年間維持費
水質浄化	146,361 億円 (128,130 億円)	雨水利用施設の減価償却費及び年間維持費（生活用水の利用量相当については水道料金）

注：評価額（　）内は、林野庁試算による従来評価額（計 392,000 億円。1991 年）。なお、従来評価額のうち、「森林の酸素供給機能」（39,013 億円）については、大気の酸素量（約 20％）に対する森林の貢献度が二酸化炭素吸収量ほど認められないなどの理由で削除された。また、「生物多様性保全機能」（37,792 億円）は、根元的なものであり貨幣換算になじまないとして、参考数値扱いに変更された。
資料：日本学術会議「地球環境・人間生活にかかわる農業及び森林の多面的な機能の評価」（2001 年 11 月）より

いる。

「林業の持続的かつ健全な発展」については、林業が森林の多面的機能の発揮に重要な役割を果たしていると捉え、望ましい林業構造が確立されることによって、林業の持続的かつ健全な発展を図るとしている。そのためには、林産物の適切な供給・利用の確保が重要である。

森林の多面的機能を具体的にみると、**表 2.6** のように水源涵養機能や国土保全機能のほか、多種多様な動植物の生息・生育の場を提供する機能、二酸化炭素を吸収し貯蔵する機能、洪水や渇水を緩和し水質を浄化する機能など様々である。したがって、その機能を高度に発揮できるような森林の整備が必要となってくる。

（3）国から地方へ

もうひとつ、森林・林業基本法では、関係者の責務について規定している。

林業基本法では、林業総生産の増大および林業従事者の所得増大を政策目標に掲げ、主に国および地方公共団体の政策を通じて達成するという考えに基づいていた。しかし、政策の目標を達成するには国または地方公共団体の施策のみでは不十分であり、国、地方公共団体、林業従事者、木材産業従事者など関係者の取り組みが不可欠である。

　そこで、森林・林業基本法では、関係者共通の基本理念に則り、その実現のために関係者がそれぞれの役割を果たすという考え方のもとに、以下のように各関係者の責務規定が定められている。

① 国の責務（法第4条）：国は、基本理念に則り、施策の方向性を策定するとともに、関係者と協力して施策を実施していくこと。

② 国有林野の管理および経営の事業（法第5条）：国有林野の使命として、国土の保全、水源涵養等の公益的機能の発揮、計画的に林産物を供給、地域における産業の振興と住民の福祉向上のために国有林を活用すること。

③ 地方公共団体の責務（法第6条）：森林・林業については、森林の所在する自然的条件や、地域産業に占める林業・木材産業の位置づけなど、各地域の条件によって必要な取り組みが異なってくることから、各地方公共団体が国と対等の立場として、自らの責任において、地域の特性に配慮した施策を推進していくこと。

④ 林業従事者、森林および林業に関する団体、木材産業事業者等の努力の支援（法第8条）：わが国の森林の相当部分が民有林である中で、林業総生産の増大等の政策目標を達成していくためには、林業従事者または林業団体による生産性の向上、緑の募金や森林ボランティア活動などの緑化活動の実施、木材産業事業者等による木材の乾燥技術等の向上や流通コストの低減といった自主的な取り組みを基調としつつ、国および地方公共団体が支援していくこと。

⑤ 森林所有者等の責務（法第9条）：森林所有者の施業放棄などにより、森林の有する多面的機能の発揮に支障を生じないよう、林業事業体等

への施業・経営委託等を行い、必要な整備および保全を行うこと。

3 森林・林業基本計画

林業基本法のもとでは、森林諸機能の発揮のために必要な森林施業（主伐、間伐、造林、保育など）について定めた森林計画制度があったが、その性格は木材生産にウエイトを置いたものであった。

森林・林業基本法の制定によって森林計画制度も見直され、2001年に新たに森林・林業基本計画が策定された。これは、「旧林業基本法は、経済情勢の変化等に対応できず、次第に現実との乖離を深めていったことを反省して、施策の中期的な方針を定める計画を定め、情勢の変化を勘案し、施策の効果に対する評価を踏まえ、概ね5年ごとに基本計画を見直すことで、現実と施策との乖離が生じるのを防ぐこととしたもの」[8]である。

この森林・林業基本計画では、森林・林業関係者の取り組みの目標や達成状況を示す指針として、森林の有する多面的機能の発揮に関する目標と、林産物の供給および利用に関する目標を提示している。

森林の有する多面的機能の発揮に関する目標では、森林を次の3つのタイプに分け（**表2.7**）、それぞれの区分ごとの望ましい森林の姿やそれに誘導するための森林の取り扱い方、関係者が取り組むべき課題を明らかにしている。

① 「水土保全林」：水源涵養機能または山地災害防止機能を重視
② 「森林と人との共生林」：生活環境保全機能または保健文化機能を重視
③ 「資源の循環利用林」：木材生産機能を重視

森林の有する多面的機能の発揮に掲げられた望ましい森林整備を行うに

表2.7　3区分ごとの整備対象面積—水土保全林が最大

区分	整備対象面積（万ha）
水土保全林	1,300（全森林の5割）
森林と人との共生林	550（全森林の2割）
資源の循環利用林	660（全森林の3割）
合計	2,510

資料：平成13年林野庁「森林・林業基本計画の概要」より作成

表 2.8　木材の供給目標—平成 32 年には 3,300 万m³へ

(単位：百万m³)

		(実績) 平成 11 年	(目標) 平成 22 年	(参考) 平成 32 年
木材供給量		20	25	33
参考内訳	水土保全林	−	12	15
	森林と人との共生林	−	4	4
	資源の循環利用林	−	9	14

資料：森林・林業基本政策研究会『新しい森林・林業基本政策について』p.48 より

は、木材の需要と利用が確保されていることが必要である。林産物の供給および利用に関する目標としては、望ましい森林整備を通じて供給される木材について、需要動向を踏まえつつ関係者が取り組むべき課題を明らかにして、課題が解決された場合において利用可能と見込まれる木材の数量を提示している（**表 2.8**）。

見直された森林計画制度では、従来の森林所有者による森林保全という考え方から脱却して、森林所有者に代わって森林施業・経営を引き受ける担い手も森林所有者と同様に森林計画の作成主体になれるとされている。つまり、森林の 3 つのタイプに応じた施業計画を樹立するためには、森林所有者だけでなく、地域において安定的・効率的な森林の施業や経営が実施可能な林業事業体も森林整備の担い手になれるというものである。

引用文献

（1）林業と自然保護問題研究会『森林・林業と自然保護−新しい森林の保護管理のあり方−』、日本林業調査会、1989 年、p.35
（2）福島康記「林業の近代化政策について」林業経済研究所『今後の森林・林業政策の在り方に関する調査報告書』、2001 年、p.15
（3）佐藤岳晴・山本信次「都道府県における森林ボランティア支援政策の動向」北海道大学農学部演習林研究報告　第 57 巻　第 2 号、2000 年、p.120
（4）岡田秀二『地域開発と山村・林業の再生』、杜陵高速印刷出版部、1988 年、p.167
（5）遠藤日雄「日本における森林政策の推移」堺正紘編著『森林政策学』、J-FIC、

2004年、p.55-56
(6) 前掲書（5）、p.56
(7) 林野庁HP「森林・林業基本法制定の背景」
(8) 森林・林業基本政策研究会　編『新しい森林・林業基本政策について』、地球社、2002年、p.44

第2節　新たな森林政策

　森林・林業基本法が施行されるとともに、農林水産省だけでなく、環境省や国土交通省などからも森林環境にかかわる様々な政策が打ち出されている。ここでは、地球環境をめぐる国際的制度に対応するためのCO_2排出規制やバイオマス利用、生物多様性に関する政策、さらに、策定されて5年後の改正が行われた森林・林業基本計画についてもみていく。

1　地球温暖化対策

　第1章でみたように、1992年に「気候変動に関する国際連合枠組条約」が採択され、日本を含めた155ヵ国が署名している。1997年には、気候変動枠組条約第3回締約国会議（COP3）において京都議定書が採択され、森林のもつ地球温暖化防止機能が、炭素の固定量の評価という定量的な概念として導入された。これを受けて日本では、国内森林の炭素固定量を定量化するために、最先端科学を取り込んだ計測技術の開発、森林整備のための枠組み作りなどが進められている。また、海外での植林活動にも積極的に取り組んでいる。

　日本政府は、2002年3月に地球温暖化対策推進本部が、新たに「地球温暖化対策推進大綱（以下、新大綱）」を決定して、日本としての温室効果ガス削減目標の達成方針を明らかにし、同年6月に京都議定書を批准した。新大綱の中では、日本の森林による炭素吸収量は、COP7で合意（マラケシュ合意）された森林吸収源利用の上限である1,300万炭素トン（3.8％）の確保を目標としている。1990年比6％の排出削減が目標である日本にとって、3.8％

---

① 2006年の見直しによって、基準年1990年のCO_2排出量がそれまで把握していた量より増えたことから、森林吸収量目標の比率は3.8％に変動している。なお、森林による吸収量1300万炭素トンは変わらない。

表 2.9　地球温暖化対策推進大綱における分野別削減目標
──その 6 割以上を森林吸収源が担う

全　体	− 6.0%
1．エネルギー起源二酸化炭素	＋ 0.0%
2．非エネルギー起源　CO2、メタン、一酸化二窒素	− 0.5%
3．革新的技術開発および国民各界各層の更なる地球温暖化防止活動の推進	− 2.0%
4．代替フロン等 3 ガス（HFC、PFC、SF6）	＋ 2.0%
5．吸収量の確保	− 3.9%

資料：林野庁「森林吸収源 10 ヵ年対策第 2 ステップに向けた見直しについて」平成 16 年、p.1

表 2.10　地球温暖化防止森林吸収源 10 ヵ年対策の概要

基本的考え方 　森林・林業基本計画、地球温暖化対策推進大綱に基づき、目標の達成に必要な吸収量の確保をめざす。 10 ヵ年対策の目標 　・健全な森林の整備 　・保安林等の適切な管理・保全等の推進 　・木材及び木質バイオマス利用の推進 　・国民参加の森林づくり等の推進 　・吸収量の報告・検証体制の強化を図ること 対策の内容：ステップ・バイ・ステップの取組み 　・第 1 ステップ：効果的な森林吸収源対策の展開に向けた行動計画の作成、既往の対策のみでは森林の整備・保全が進んでいない箇所の解消に向けた整備手法の強化 　・第 2 ステップ：第 1 ステップにおける対策の進捗状況などを踏まえ、目標の達成に必要な追加的な施策を含め森林整備などの強化 　・第 3 ステップ：第 2 ステップまでの対策展開の成果を踏まえつつ、目標の達成に万全を期するために必要な施策を着実に進める

を森林吸収源でまかなうことは、日本の目標達成において森林の役割が非常に重要になったことを意味している[1]。

　このような森林吸収源の重要性を踏まえて、農林水産省は、「地球温暖化防止森林吸収源 10 ヵ年対策」（2003 ～ 2012 年）を策定し、森林吸収源を積極的に活用していくための方針や具体的な対策を示している（**表 2.10**）。

　この対策の目標である「健全な森林の整備」については、第 1 ステップにあるように、各地域において地方公共団体、林業関係者、NPO など幅広い関係者が参画して、管理不十分な森林の整備を着実かつ効果的に実施するため

の行動計画を作成することとしている。また、「住民参加の森林づくりなどの推進」として、幅広い国民の理解と参画を促進するため、国、地方公共団体、事業者、NPOなどの連携のもとに、各地においてイベントなどを通じての普及啓発、主体的かつ継続的な森林ボランティア活動、森林環境教育、森林の多様な利用などを推進することとなっていた。林野庁では、「地球環境保全のための森林保全整備に関する協議会」や「地球環境保全と森林に関する懇談会」を開いて対策を練り、推進すべき施策として、育成林の整備、里山林の保全整備、保護地域等の森林の保全管理の強化、緑のネットワークの形成等を掲げている。しかし、この時点では地球温暖化防止のための有効な方策はまだ見えてこない。すでに、地球温暖化防止森林吸収源10ヵ年対策を策定した時点で、日本の削減目標を大幅に下回る予想が指摘されているのである[2]。

2003年の中央環境審議会地球温暖化対策税制専門委員会中間報告では、第2ステップ以降早期に温暖化対策税を導入すべきとの報告がされ、他の政策手法と平行して税の仕組みが検討されている。この税収の使途については、クリーンエネルギー自動車の普及によるクリーンな交通社会の構築や技術革新の支援とともに、吸収源対策となる森林の保全・整備が挙げられている。

2005年には、2月の京都議定書発効を受けて、「京都議定書目標達成計画」が閣議決定された。森林吸収源対策により1,300万炭素トン程度の吸収量の確保を目標とすることが位置づけられたのである（**表2.11**）。これを受けて、同年、地球温暖化防止森林吸収源10ヵ年対策の第2ステップに移行するにあたり、必要な追加対策を講じて、森林吸収源対策を強力に推進することとし、新たに天然更新を活用した「広葉樹林化促進対策」などを加えている。

表2.11 「京都議定書目標達成計画」における年平均森林整備量等の目標

区分	更新	下刈	間伐	複層林への誘導伐	里山林等整備	森林施業道等整備	木材供給・利用量
数量	6万ha	35万ha	45万ha	3万ha	4万ha	2.79千km	25百万㎥

資料：平成18年度「森林・林業白書」p.52

---

[2] 平成10年から14年までの実績に基づく見込みは、3.1％程度である。林野庁HPより。

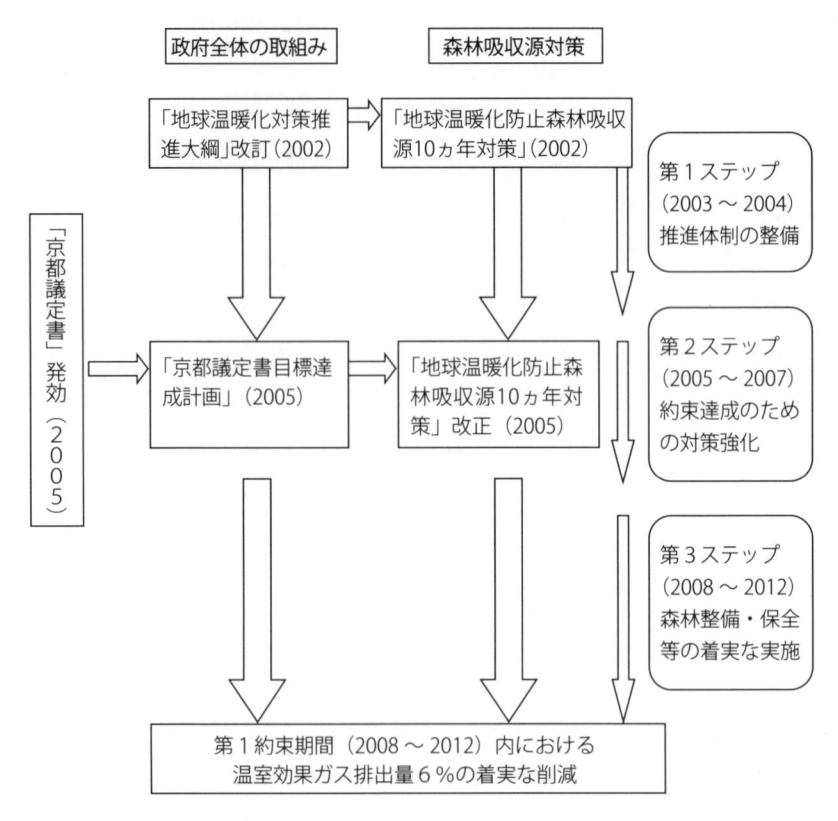

図 2.4 「地球温暖化防止森林吸収源 10 ヵ年対策」の取り組みフロー
資料：平成 18 年度「森林・林業白書」、p.53

また、森林吸収源対策にあたっては、コストの縮減等を図りつつ、一般財源の確保に努めるとともに、環境税（仮称）を創設し、その税収の使途に森林吸収源対策を位置づけることについて環境省と連携を図りつつ対応するとして、さらに積極的な展開を図ることを表明している（**図 2.4**）。

2　バイオマス・ニッポン総合戦略

　上記のように、京都議定書の発効により、日本の地球温暖化対策は、待ったなしに進めていかなくてはならなくなった。
　他の諸外国では、農業の活性化、地球温暖化防止、エネルギーの安定自給

のために、バイオマスの活用を国家戦略として推進するアメリカや、再生可能エネルギーの主役としてバイオマスに期待し、その実用化を推進するEUなどが、バイオマスの活用促進に向けて、長期目標を掲げ、思い切った規制緩和、支援策を講じ始めている。

　このような世界の動きを受けて、農林水産省は、2002年2月に公表した「『食』と『農』の再生プラン」の中で、「地球にやさしい生物エネルギー・資源の有効利用」の推進を、農林水産行政の転換の柱のひとつとして掲げた。また、同年6月、「経済財政運営と構造改革の基本方針2002」が閣議決定され、農林水産業を環境保全やバイオマス生産の場として再活性化させる施策を関係府省一体となって推進するとともに、2003年度の財政運営において重点的に推進すべき分野として、バイオマスの利活用が位置づけられた。これらを踏まえて、農林水産省が中心となり、日本における今後のバイオマスの活用促進のための国家戦略として関係府省とともに検討したのが、「バイオマス・ニッポン総合戦略」である。この策定にあたっては、民間有識者等からなるアドバイザリーグループを設けて検討を重ね、2002年12月閣議決定という形で公表された。

　この「バイオマス・ニッポン総合戦略」では、各関係者にとっての取り組みの目安を掲げてバイオマスの利活用を促進するため、2010年をめどとして、①技術的観点（エネルギーの変換効率の向上、製品製造コストの低減など）、②地域的観点（地域でバイオマスを一定量活用する市町村を500構築）、③全国的観点（廃棄物系バイオマスの炭素量換算で80％以上、未利用バイオマスの炭素量換算で25％以上を利活用）からの、具体的な数値目標を設定していた。

　しかし、2005年2月に京都議定書が発効するなど実効性のある地球温暖化防止対策の実施が喫緊の課題となり、原油価格の高騰などを背景に、化石資源への依存の低減を図る必要性が認識され、また、同4月に閣議決定した京都議定書目標達成計画において、2010年度までに、バイオマス熱利用原油換算308万キロリットル（輸送用燃料におけるバイオマス由来燃料50万

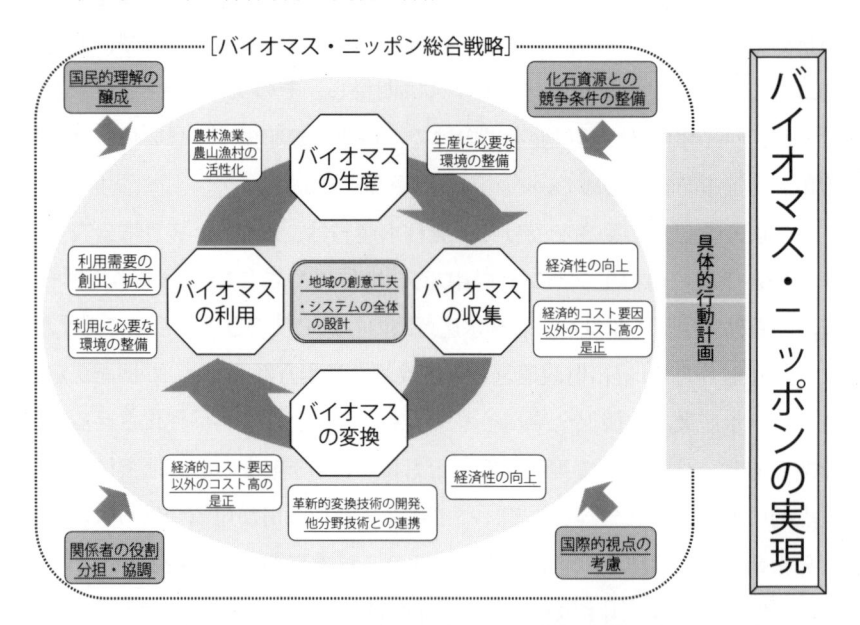

図 2.5 バイオマス・ニッポン総合戦略―農林漁業に新たな役割
資料：東北農政局「バイオマス・ニッポン」、http://www.tohoku.maff.go.jp/baio/top6/ より

キロリットルを含む。）の導入やバイオマス発電の大幅増加、500 市町村程度でのバイオマスタウン③の構築を図ることが新たな目標とされた。

　このように、輸送用燃料などへのバイオマスエネルギーの導入の促進が必要となっていることから、内容の見直しが行われ、2006 年 3 月に新たな「バイオマス・ニッポン総合戦略」が閣議決定された。

　バイオマスの総合的な利活用は、地球温暖化の防止、循環型社会の形成、競争力のある新たな戦略的産業、農林漁業、農山漁村の活性化につながる。バイオマスは農山漁村に広くかつ大量に存在するものであり、その有効活用

---

③「バイオマスタウン」とは、域内において、広く地域関係者の連携のもと、バイオマスの発生から利用までが効率的なプロセスで結ばれた総合的利用システムが構築され、安定的かつ適正なバイオマス利用が行われているか、あるいは今後行われることが見込まれる地域のこと。農林水産技術会議事務局、農林水産バイオリサイクル研究「システム実用化千葉ユニット」作成パンフレットから引用。

により、農林漁業の自然循環機能を維持増進し、さらに、農林漁業にこれまでの食料や木材の供給の役割に加えてエネルギーや製品の供給という可能性を新たに与えることが可能となる。また、そこから得られた生産物や製品を都市の住民にも供給することで、都市との共生、交流が促進されることも期待されている。

新たなバイオマス・ニッポン総合戦略に示された2006年までの木質バイオマスの利活用の状況は、以下のとおりである。

> 木質系廃材・未利用材については、製材工場等残材（年間発生量約500万トン）はほぼエネルギーや肥料として再生利用されているが、間伐材・被害木を含む林地残材（年間発生量約370万トン）については、わずかに紙製品等の原材料として利用がある程度で、ほとんど利用されていない。また、今後発生量の増加が見込まれる建設発生木材（現時点での年間発生量約460万トン）の利用割合は、建設工事に係る資材の再資源化等に関する法律が2002年に完全施行されたこと等により、約40％から約60％に大幅に向上している。建設発生木材は製紙原料、ボード原料、家畜敷料等やエネルギー（主に直接燃焼）に利用されている。

3　生物多様性国家戦略

1992年の地球サミットにおいて、「気候変動に関する国際連合枠組み条約」と「生物の多様性に関する条約（以下、生物多様性条約）」が合意された。生物多様性条約は1993年に発効し、日本は18番目の締約国として条約を締結している。

生物多様性条約の第6条には、締結各国が、生物多様性の保全および持続可能な利用を目的とする国家的な戦略を策定することが規定されており、日本では、1995年の「地球環境の保全に関する関係閣僚会議」において「生物多様性国家戦略（以下、国家戦略）」を決定した。この国家戦略は、各省庁の関連施策を体系化し、長期的な目標と今後の取り組みの方向を明らかにしたものであり、「生物多様性条約」の内容を反映したものであった。

しかし、条約発効からわずか2年足らずで急ぎ策定したことから、①各省

の施策が並列的に記述されていて、施策レベルの連携の観点が弱い、②社会経済的視点が欠けており、生物相や生態系の分析も不足している、③策定経緯の中で専門家や自然保護団体等の意見を必ずしも十分に聞いたとはいえない、等の問題があり、2002年には「新生物多様性国家戦略」が策定された(1)。

新国家戦略には、5つの理念と3つの目標が掲げられている。

理念には、①人間生存の基盤、②世代を超えた安全性・効率性の基礎、③有用性の源泉、④豊かな文化の根源、⑤予防的順応的態度、が掲げられている。目標としては、「生物多様性のもたらす恵みを将来にわたって継承し、自然と人間との調和ある共存の確保された「自然と共生する社会」を構築するため」に、①種・生態系の保全、②絶滅の防止と回復、③持続可能な利用の3点が整理された。

さらに、理念と目標を受けて、次のような今後展開すべき施策の大きな3つの方向を提示している。①保全の強化：保護地域制度の強化、指定の拡充、科学的データに基づく保護管理の充実、絶滅の防止や移入種問題への対応など、多様性の危機の態様に応じて保全を強化。②自然再生：一方的な自然資源の収奪、自然の破壊といった関わり方を転換し、人間の側から自然に対して貢献。自然の再生プロセスを人間が手助けする形で自然の再生・修復を進める。その端緒として自然再生事業に着手。③持続可能な利用：里地里山等では、厳正的、排他的な規制手法だけでは問題が解決されない。身近な里山等の保全管理と、生活・生産上の必要性等とをうまく調整していくため、NPO活動支援、地権者との管理協定、助成・税制、環境配慮の徹底など、様々な社会的仕組みや手法を検討し、積極的に対応。

森林・林業については、「国土の空間特性・土地利用に応じた施策」として、環境省と農水省との共同所管、連携によって具体的施策が展開される。森林・林業基本法に基づく森林・林業基本計画は、新国家戦略に示された基本的な方向を踏まえて策定、実施し、新国家戦略との整合性を確保するとともに相互の一層の連携を必要としているのである。

新国家戦略の作成にあたっては、パブリックコメントによる国民からの意

見聴取が行われた。その内容は、「骨子案・素案への意見」提出が2ヵ月で58名232件、パブリックコメントが3週間で956名1,782件であった。パブリックコメントにより150ヵ所以上の修文が行われた (2)。

4 森林・林業基本計画の改訂

上述のように、2001年に生物多様性国家戦略の基本的方向を踏まえて策定された森林・林業基本計画は、5年毎の見直しにより2006年9月、「100年先を見通した森林づくりと国産材の復活を目指して」、新たな計画が策定された。

その森林・林業基本計画の改訂にあったっては、次のような基本視点 (3) を踏まえて、新たな施策が構築されている。

そのひとつめは、「国民・消費者の視点の重視」である。森林および林業に関する施策については、将来にわたって国民が恩恵を享受することができるよう、立地条件、社会的条件、国民のニーズに応じ、長期を見通した方向付けのもとに推進する。また、森林とかかわりたいという国民に様々な機会を提供する。さらに、林産物や住宅などは、消費者等のニーズに応じて、安定的かつ低コスト、品質および性能の明確な製品の供給を旨とする。加えて、国民や消費者へ正確な情報の提供を行う。

2つめは、「環境保全への貢献」である。森林生態系の生産力に基礎を置く林業は、適切な施業等を通じて森林の多面的機能を発揮させる役割を有するとともに、それにより産出される木材の有効利用は、持続可能な社会の実現に資するものである。また、荒廃した森林の復元は、国土保全はもとより、豊かな環境づくりにも寄与する。さらに、国際的な環境問題である二酸化炭素の吸収や生物多様性保全、そして違法伐採へも対応する施策の展開を行う。

3つめは、「新たな動きを踏まえた攻めの林政の展開」である。林業および木材産業をめぐる厳しい情勢にもかかわらず、生産性の高い林業生産活動を行う森林組合等の林業事業体や林産物の流通および加工にあたっての技術革新、木材の海外への輸出に取り組む企業など、意欲的、革新的な取り組みが

現れている。また、効率的な施業、森林・林業にかかわりのない企業の森林づくりへの参加、森林資源を活用して産業化する山村なども現れている。このような動きを積極的に推し進める施策を展開していく。

　これまでの目標であった「森林の多面的機能の発揮」と「木材の供給および利用」は一体として設定され、各施策が再構築された。新たな施策は、これまでの施策の効果の評価と利用可能な資源の充実、森林に対する国民ニーズの多様化、木材の需要構造の変化と新たな動きの活発化等の森林・林業・木材産業をめぐる情勢の変化等を踏まえて、以下のとおりに設定されている(4)。

　①100年先を見通した森林づくり：国土の保全、水源かん養、地球温暖化の防止など森林の多面的機能を持続的に発揮させ、地球環境の保全に貢献。このため、地域の特色やニーズに応じ、資源を利用しながら広葉樹林化や長伐期化等の多様な森林づくりを本格的に推進。その際、路網と高性能林業機械の一体的な作業システム等により低コスト化を徹底。

　②流域の保全と災害による被害の軽減：流域全体の保全のための治山対策を効果的に推進。また、災害を防ぐことに加え、被害の軽減（減災）に向けて、地域の避難体制づくりと連携した事業を実施。

　③様々なニーズに応えた森林づくりと利用：花粉の発生を抑制するため、花粉の発生源の調査、無花粉スギや花粉の少ないスギ苗の供給を促進。また、森林や木材利用に対する理解と関心を深めるため、森林環境教育、木材利用に関する教育活動を推進。

　④国産材の利用拡大を軸とした林業・木材産業の再生：資源の充実、加工技術の向上等をチャンスととらえ、川上と川下が連携し、大規模需要者のニーズに対応し得る国産材の安定供給を推進。このため、意欲ある事業体への施業の集約化、製材・加工の大規模化、消費者ニーズに対応した製品開発、企業、消費者等への集中的なPR、木材輸出の拡大等を推進。

　⑤国有林と民有林の連携の強化：国土の骨格に位置する森林を直接管理・経営している国有林のノウハウを活かし、民有林と一体となった流域の保全、木材の安定供給、国有林を活用した技術研修や森林環境教育の支援を推進。

また、優れた自然環境を有する天然生林の保全管理を推進。

　改正前にはなかった施策として具体的には、例えば、「森林の有する多面的機能の発揮に関する施策」では、新たに高齢級の人工林などに多様で健全な森林整備を行うことと、広葉樹林化、長伐期化等による多様な森林への誘導、京都議定書の発効による約束達成に向けた総合的取り組み、また、植栽が行われない伐採跡地への対策の推進などに取り組むとしている。国土保全等の推進では、野生鳥獣や松くい虫による森林被害対策の推進が加えられている。

　「国民参加の森林づくりと森林の多様な利用の推進」という項に注目してみると、「…国民参加の森林づくりや森林の多様な利用を一層推進するため、企業やNPO等の森林の整備および保全活動を促進するとともに、里山林の再生活動や体験学習の施策を講ずる」(5)ことや、森林セラピー等の利用活動促進、施設整備にあたってはユニバーサルデザインを取り入れることなど、「企業やNPOの森林づくり」、「森林セラピー」、「ユニバーサルデザイン」といった新しいキーワードが登場している。また、「国際的な協調および貢献」として、違法伐採対策の推進が挙げられている。これは、2005年のG8グレンイーグルズ・サミットを受けたもので、国際的協働だけでなく、地方公共団体、森林・林業・木材産業関連団体、企業、消費者等に対しても、違法伐採の木材を使用しないことの重要性についての普及および啓発活動を行うというものである。

　新基本計画策定にあたっての国民参加の側面をみると、意見聴取としては、林政審議会での有識者ヒアリング1回、現地視察での町長やNPO関係者、林業・木材産業関係者との意見交換1回、それに計画案について2週間のパブリックコメント募集（個人・団体から122項目の意見提出）であった(6)。

5　新たな森林政策の特徴と問題点

　このように、1992年以来、日本の森林政策は、木材生産重視の政策から、森林の多面的機能が発揮できるような環境重視政策へと大きく方向転換してきた。国レベルだけではなく、地方レベルで住民の参加によって行う施策や

事業も多く策定されてきている。しかし、政策理念をはじめ大変大きな転換であるだけに、また多くの主体の参加を求めての転換だけに、その内実形成は簡単ではない。また、それらは、国際的な政策動向に合わせるように、走り出しながら拡充をしていくという方法で推進されている。もちろん、国際的な環境基準や指標も見直されながら推進されている現状のもとでは、しかたのないことではあろう。「バイオマス」という言葉でさえ、国内では2001年の新エネルギー特別措置法の改正によって導入されたばかりで、一般への普及の取り組みはまだこれからである。例としてとり上げた木質バイオマスのエネルギーとしての利活用も、施策としてその効果がいわれているほどには普及が進まないのが現状である。それは価格や流通体制が確立されておらず、たとえ補助金を受けて利用に踏み切ったとしてもまだまだ不安が残るからであろう。

　地域の森林は地域住民で守るという趣旨の、各県のいわゆる森林環境税は、すでに多くの県で検討・実施が行われている。それよりも早くから検討が始められていた国の環境税については、2003年の段階で中央環境審議会中間報告の「炭素1トンあたり3,400円」という案が出されていた。その後、京都議定書の発効をはさんで、環境省などが具体的な検討を続け、税率「炭素1トンあたり2,400円」、森林整備などの緑の国づくりへの支援などを含む具体案を提出したが、税率や税の使途が二転三転し、結局2005年の地球温暖化防止森林吸収源10ヵ年対策第2ステップでは大きく後退して、いまだに「検討を続ける」に留まっている[7]。

　行政は、国際的動向をみながら、既存の施策については毎年のレビューを行うことや、必要な新たな施策の導入や検討を行っている。その改定や検討の際には、多くの場合、国民や地域住民にはパブリックコメントの提出やシンポジウムへの参加を求めてはいる。しかし、そこへの積極的参加は多いとはいえないし、さらに、3年後、5年後の見直しの時期までにそれら政策が国民に浸透しているとはなかなか見通せない。また、改定にあたって国民が十分な意見を表出できる環境が整っているとも思われない。政策自体が、国

家意思だけではなく、住民の意思をも反映したものでなければ、その浸透は難しい。さらに、具体的内容や方法が国民全体に速やかに浸透する体制をつくらなくては、いつまでも国民参加・地域住民参加の施策実現には至らない。

引用文献
(1) 環境省編『新生物多様性国家戦略』、ぎょうせい、2002年、p.2-3
(2) 前掲書(1)、p.269
(3) 農林水産省「森林・林業基本計画」平成18年9月、p6-7
(4) 林野庁「新たな森林・林業基本計画の目指す方向」平成18年9月、p.3
(5) 前掲書(1)、p.32
(6) 農林水産省「森林・林業基本計画」平成18年9月より
(7) 参照:竹内敬二「ロシアが突然の批准－04年、前進と迷走の温暖化事情」森林文化協会『森林環境2005』、朝日新聞社、2005年、p.127-129

第 **3** 章

FSC森林認証を中心とした森林管理と地域の変貌
－岩手県住田町の場合－

　政策の積極的受け止めによって、林業振興を主軸に町の林政を展開してきた地域も、新たな森林管理へと方向転換を図りつつある。

　この章では、林業を基幹産業としてきた山村が、環境重視の政策転換をどのように受け止めたのか。その受け止めによって、地域の人々の意識はどのように変化したのか。その過程を、東北地方の典型的林業地である岩手県住田町を事例にみていく。

　住田町では、1970年代後半に、他地域に先駆けて町独自の「林業振興計画」を策定した。川下から川上までの林業システムの完成を間近にした時、政策は環境重視へと転換した。町はそれを受け止めるべくさらに動き出した。森林認証取得や環境省の交付金事業取得がそれである。そこでは、住民の理解と参加が必須とされる。しかし地域の人々の意識に変化はみられるものの、いまだ、行政が主導するという域からは抜け出せないでいる。

第1節　森林政策の転換と地域

1　その背景と課題

　第1章、第2章でみてきたように、森林の機能に対する要請は、1970年代を境にして木材生産から環境へと大きくシフトしてきた。このことは、林業を基幹産業として、林業基本法下の政策的諸事業を受け止めながらその振興を図ってきた地域に、産業としての林業を維持しつつ、都市からの森林の多面的機能への要請にも応えうるような地域政策への転換を迫ることとなった。

　本章では、日本経済が低成長へ移行する1970年代後半に、いち早く町独自の「林業振興計画」を策定し、それによって川上から川下までの一貫した林業システムの構築をめざしてきた岩手県住田町を事例として分析・考察する。

　住田町は、木材から環境へという世界の潮流により、それまでの林業軸中心の政策から環境中心の政策への転換を迫られる中、その両者を満足させる方策を模索した。そこで行き着いたのが、世界基準で森林を経営・管理し、地域の社会・経済・環境面の持続性をもまもっていこうとするFSC森林認証制度であった。

　また、林業振興計画に代わる環境に配慮した施策実現に向けた町づくり計画も策定され、森林の価値を再構築して、森林・林業については総合的に日本一といえるような町を住民とともにつくっていく施策を展開しつつある。

　ここでは、国の政策を積極的に受け入れて住田町独自の林業システムを構築していく過程と、さらに時代の変化をいち早く感知し、それまでの林業システムを環境政策に対応させるべく動き出した過程を明らかにする。森林認証の取得過程では、行政・林業事業体そして町民の協働が必要であったが、実際はどうであったのか。また、環境省の新たな政策による交付金を取得し、

そこでは住民参加の事業実施が義務付けられたが、行政や町民の意識変化はどうであったのか。そこに表れる諸問題と人々の意識変化を、訪問による聞き取りやアンケート調査結果などから分析する。さらに、地域における新しい森林政策の課題と展望についても考察する。

2 住田町の概要

　住田町は、岩手県の南東部に位置する、北は遠野市、南は陸前高田市と一関市、東は釜石市と大船渡市、西は奥州市に接する面積3万3,500ha、人口約7,300人①の山村である。

　地形は、標高1,341mの五葉山をはじめ700～1,000m級の山々に囲まれ、中央を流れる気仙川に沿ってわずかに平地が開けているだけである。したがって、町面積の9割（3万ha）が森林であり、耕地の占める割合はわずか4.4％にすぎない。

　「2000年世界農林業センサス」によると、町の総世帯数は2,168戸、そのうち森林1ha以上所有の総林家数は750戸あり、その80％が農家林家である。森林の所有規模は**表3.1**にみるように、3ha以下の小規模層が4割以上を占めている。

　林野面積約3万haのうち町有林は1万3,000ha、全森林面積の38％を占め、この町有林の多さが住田林業の大きな特徴となっている②。町全体の森

表3.1　住田町の保有山林規模別林家数（保有山林面積1ha以上）

1～ 3ha	3～ 5ha	5～ 10ha	10～ 20ha	20～ 30ha	30～ 50ha	50～ 100ha	100～ 500ha	500ha ～
311戸	171戸	153戸	71戸	17戸	16戸	9戸	2戸	0戸

資料：2000年世界農林業センサス

---

① 2000年世界農林業センサスによる。住田町の人口は、1955年の1万3,000人をピークに減少し続け、2005年総務省統計局「国勢調査報告速報値」ではさらに減少し6,848人となっている。

表 3.2 住田町林野所有別面積―広大な町有林が特徴

国有（7,389ha）	分収林・官行造林地以外 (6394ha)、分収林 (237ha)、官行造林地 (758ha)
公有（10,946ha）	県 (2,887ha) 市町村 (8,059ha)
私有	(10,970ha)
緑資源公団	(225ha)

資料：2000 年世界農林業センサス

林所有区分と面積は**表 3.2** のとおりで、国有林率は 25.9％である。

　住田町は、岩手県内でも早くからスギの育成林業が芽生えた地域で、現在の森林の人工林率は 56.9％、その内訳はスギ 65％、アカマツ 25％、カラマツ 10％とスギ林中心の樹種構成となっている。現在これらの森林整備にあたっては、スギ主体の拡大造林中心から、広葉樹を残し、不成績造林地を解消する方向へ進んでいる。町有林については、未整備の森林はないものの、分収林や私有林においては、森林整備の遅れがみられる状況である。全森林の 43％を占める天然林は、ほとんどがクリ・ナラ類などの広葉樹である。

---

② 1 万 3,000ha のうち直営林 8,200ha、貸付林 4,800ha である（住田町「森林・林業日本一の町をめざして」2004 年より）。

第2節　住田町林業の変遷

1　住田町林業振興計画

（1）地域生活の転換期

　第2次世界大戦後、木炭の需要は高まり、住田町のある気仙郡でも大幅な増産体制に入った（**表3.3**）。しかし、新たなエネルギーへの転換により1955年頃を境に減産へ向かう。

　1960年代後半からの日本の林業生産の慢性的な停滞は、高度経済成長とともに増加した農林業経営者の出稼ぎと若年労働力の都市流出に悩む山村に、さらなる追い討ちをかけることとなった。木材の総需要量は1974年以降減少に転じ、さらに1965年には26％を占めるにすぎなかった外材が、1975年にはほぼ3分の2を占めるようにまでなった。

　住田町では、1950年代後半からの木炭生産の崩壊により町民の生活構造が大きく変わった。図3.1のグラフにみるように、1960年には生産量3,647tもあったものが1980年には僅か32tに減少し、金額としても8,600万円から436万円に落ち込んでいる。それまでの農業と木炭生産中心の林業から、出稼ぎや日雇い、恒常的勤務という賃労働を基盤とした生活へと変貌させられたのである。1955年に81％であった第1次産業への就業者比率は、

表3.3　戦後の気仙郡の木炭生産量—エネルギー転換までは増産が続いた

年度	生産量（俵）	岩手県の総生産量（俵）	率（郡／県）（％）
1947年	335,733		
1948年	506,656	9,131,427	5.5
1949年	525,011	8,627,277	6.1
1950年	604,776	10,005,607	6.0
1951年	776.362	12,017,932	6.5
1952年	710,881	11,810,860	6.0

資料：「住田町森林・林業・木炭史」p.1115

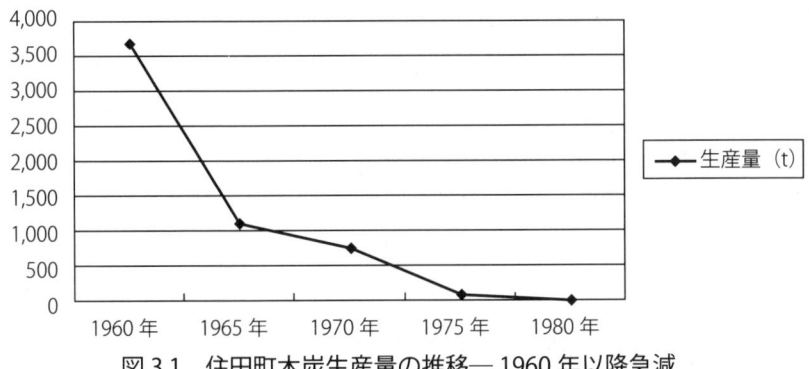

図3.1 住田町木炭生産量の推移— 1960年以降急減
資料：「住田町森林・林業・木炭史」より作成

1975 年には 49％にまで減少していた (1)。

　この後退をつづける農林業に対する取り組みとして、町はまず農業再建に取りかかることとした。町、農協、森林組合、その他農林業指導機関からなる「住田町農業総合指導協議会」をつくり、農家個々の実態調査と意向調査・討論を重ねて、1971 年に「第 2 次農業基本計画—住田町農業の展望とその対応」を策定し、地域にあった換金性の高い作物栽培と畜産を組み合わせた集約的複合経営、いわゆる「住田型農業」をつくりあげた。この「住田型農業」の確立により、出稼ぎなどは一応減少したが、いまだ土地面積の 9 割以上を占める林野の農家経営への取り込みが大きな課題として残っていた。この時期の住田町林業は、第 2 次世界大戦後植林した樹木がようやく間伐期にさしかかったところであり、当座の収入の確保というより、これからの地域のために長期的な視野に立った経済基盤づくりを考えなければならない時期でもあった。

（2）地域林業振興計画の策定過程

　1976 年には、地元大学や国・県各界の学識経験者と地域の「住田町林業振興協議会」でプロジェクト・チームが構成され、基礎調査を開始した。林業関係者との話し合い・検討に 2 年の歳月を費やして、1978 年「住田町林業

振興計画（以下、林振計画）」が策定された。

　その計画内容については後に触れるが、まず注目すべきはその策定過程である。策定のために、岩手大学、岩手県、岩手県林業試験場、農林省林業試験場東北支場をはじめ住田町の農業委員会や私有林所有者、木工所、建設業などが、策定主体である住田町林業振興協議会とともに協力をしているのである。つまり、この計画が町全体の産業振興の中に位置づけられるような仕組みが考えられている。その策定過程においては、アンケート調査[1]をはじめとし、林家への個別調査や林業労働者への聞き取り調査など、森林所有者・労働者の意見を計画に反映すべく努力が行われた。地域の利害関係者を巻き込んだこの計画づくりそのものが、地域林業振興のための第1歩であり、その後の住田町森林管理政策を策定する際の礎となるものであった。

　住田町林業振興協議会は、町・町議会以下8つの農林業関連機関・団体によって構成された。林振計画の実施には、林業振興協議会の中に設置された幹事会と普及指導班が推進組織として機能するよう仕組まれた。そこには森林所有者だけでなく林業労働者の代表も参加しており、林業労働者の意見も反映されるようになっている。

（3）林業振興計画の内容

　全国の市町村に先駆けて1978年に策定された林振計画は、1975年からの20年間を計画実施期間とするものであった。そこでは、基本方針として「地域農林家経営の長期的経営像を想定しつつ、林業のあるべき姿を設定するとともに、林産物の生産・流通・加工を通ずる地域経済の発展的活動を実現することを目標とする」とし、具体的に以下の9点を挙げている[2]。

　1．地域の自然的諸条件および将来の社会経済的条件の変化を想定しつつ、

---

[1] 「住田林業に関するアンケート調査」。このアンケート結果で筆者が注目したのは、「3．地域振興と自然保護について」の項で、「自然保護に留意しながら地域振興をはかるべきである」という回答が57％を占め、「地域振興を優先すべきである」27％を大きく上回っていることである。

適切な土地利用計画のもとに森林地を画定する。
2．森林のもつ公益的性格にかんがみ、保全・水資源涵養・保健休養等公益的機能を重視すべき部分として考慮する。
3．町営・私営・団体営（生産森林組合等）のそれぞれの経営目標を設定し、地域林業における位置づけを明らかにする。
4．地域林家の大部分を占める農家林家について、農家類型の差異を考慮しつつ林業経営の指針を設定する。
5．町域内の産業構造、資源の配置およびその内容の差異に留意し、地域林業団地の設定とその林業構造の改善を図る。
6．森林地の自然立地条件、社会経済的条件を考慮し、林地についての類地区分を行い、森林施業基準を策定する。
7．地域林業の総合的システム化の確立を目標におく。具体的には、林業における生産・流通と加工産業の有機的結びつきを促進し、均衡ある地域林業構造の形成を図る。
8．地域林業を推進する担い手の育成・強化を図る。とくに中核となるべき森林組合の役割と発展方向を明らかにする。
9．森林が地域産業活動および町民生活の安定にはたす保全的環境的機能を重視し、その育成・培養を通じて自然愛・郷土愛を高める運動の契機とする。

1970年代は、まだ地球環境問題や森林環境の重要性が叫ばれる以前であったが、すでに、保全や水源涵養・保健休養等に限られてはいるものの、森林の公益的機能重視を考慮し、町民生活の安定のために森林の保全的・環境的機能を高め、それによって自然愛・郷土愛を高めるという指針が示されていることは、前述の策定過程とともに注目に値するであろう。

この林振計画では、その実践のため5年を1期とする発展計画を策定し、さらにこれを具体化するための「年次計画」をつくり、伐採、造林、間伐、路網整備など細部にわたって計画の管理を行った。第1次から3次までの発展計画の目標は、**表3.4**のとおりである。

表 3.4　第 1 次から第 3 次までの林業振興発展計画の目標

第 1 次発展計画 （1979〜83 年）	第 2 次発展計画 （1984〜88 年）	第 3 次発展計画 （1989〜93 年）
造林の拡大 間伐の推進 林業経営意欲の高揚	優良造林地の育成 間伐の推進 天然林施業の導入 協業化の推進	優良造林地の育成 間伐の推進 複層林施業の導入

資料：第 2 次住田町林業振興計画策定報告

　目標は林業を軸に置かれているが、その具体的施策内容をみると、第 3 次発展計画では、「種山ケ原四季の森」・「葉山めがねばし水園」・「五葉山森林浴まるごと体験」などの森林レクリエーションや、「森林公園調査事業」など、すでに森林の多面的機能への要請に対応する施策も実施されている。

2　第 2 次住田町林業振興計画

（1）新たな林振計画の策定

　1995 年までの 20 年間を展望する林振計画ではあったが、15 年を経過するまでに森林・林業を取り巻く環境が大きく変わってしまった。そのひとつは、国際化の進展により、それまでにも増して国産材時代実現のための産地形成が強く求められるようになってきたこと、もうひとつは、森林の多面的機能の発揮が要請されてきたことである。

　住田町は、当初の計画期間の 20 年を待たず、1990 年から新たな林振計画の策定を検討し始めている。

　第 2 次住田町林業振興計画の策定にあたっても、岩手大学、森林総合研究所東北支所、岩手県林業試験場、大船渡地方振興局が策定委員として協力し、計画策定推進員として大船渡地方振興局農林部、住田町森林組合、住田町製材業協同組合、住田素材生産業協同組合、住田町農業協同組合、気仙職業訓練協会、それに 2 人の私有林所有者も加わった。この第 2 次林振計画は、1990 年 8 月から検討を始めて、1993 年 3 月に策定報告書が出されている。検討に実に 2 年半も時間をかけているのである。

策定された第2次林振計画の基本方針は、以下のとおりである(3)。
1. これまで採用してきた施業技術の再評価、見直しを行い、地域産材の特徴と市場ニーズに合った施業技術、施業体系へと導く。
2. 複層林の形成を図ると同時に、地域に合った複層林技術体系を構築する。
3. スギに加え、アカマツ林と広葉樹用材の育成を図る。
4. 地位級の見直しと収穫予想表、適正間伐計画手法を樹立する。
5. 高能率の森林管理システムと合理的生産、流通システムを明らかにする。
6. 地域に合った伐出機械体系を明らかにするとともに、機械化段階の路網整備についてその計画を得る。
7. 高付加価値化が可能な製材品工業への飛躍のため、製材業の経営体質の強化、加工、流通施設の改善・整備・木材情報システムの構築と広域製品共販市場の整備を図る。
8. シイタケを中心に、特用林産物の銘柄の構築と中核的協業組織の育成を図る。また、特用林産物の加工工場と広域的共同集出荷体制づくりへの検討を行う。
9. 森林空間の総合的利用、とりわけレクリエーション的利用と公園的整備について、具体的箇所の選定と整備方向を明らかにする。
10. 町有直営林の新たな管理経営方向と、町民分収林の管理と経営の充実方策について明らかにする。
11. 地域林業の総合的システム化の具体化とかかわって、地域素材需給協議会や、広域な気仙木材流通センター、地域林業情報センター、さらには木材需要開発センターなどの設置について検討する。
12. 公共施設等の木造化の促進を図るとともに、地域木材需要拡大会議の設置と木材の普及啓蒙活動を展開する。

第1次林振計画でめざしたのは地域林業基盤の整備であったが、この第2次林振計画は、国際化や森林空間の総合的利用という時代の要請を前提としながら、地域林業が抱えた様々な問題とその解決への道を示すことを目的とした。この計画は、1990～2000年の10年間を実施期間と定めている。

（2）町有林の経営目的の変化

　前述のように、林振計画を5年早めて策定し直さなければならなかった背景には、国産材産地のシステム形成の必要性と、森林の多面的機能発揮への要請に応えねばならない状況とがあった。

　同時に、その間に住田町全森林面積の35％を占める町有林の経営形態も、大きく変わっていた。表3.5にみるように、第1次林振計画時には6,936haであった直営林面積が、第2次林振計画時には7,706haと増加している。これは分収林や貸付林の減少によるものであるが、そのため直営林の町内森林全体に占める割合が26％にもなり、地域林業振興の柱としての役割がこれまでにも増して大きくなってきた。

　森林の多面的機能に対する要請への対応は、国有林を除いた町森林面積の過半を占める町有林を軸に始められた。水質保全のための積極的な広葉樹育成と、人々の森林空間利用に対応するものである。第2次林振計画では、第4章に新たに「森林のレクリエーションエリアとしての活用」という章を設け「…公益的機能を重視した利用のあり方についてみると、国土保全や水源かん養機能が主体をなしており、保健休養機能など、森林空間に人々が直接入って利用する、といった捉え方はまだなされていない。今次の第2次林業振興計画では、林地の総合利用の重要な柱として、森林空間を人々が直接レ

表3.5　町有林管理形態別面積—直営林の増加で町有林の役割が増してきた
（ha、％）

管理区分		1980～1984年	1990～1994年
直営林		6,936(51)	7,706(59)
分収林	官行造林	1,339(10)	1,419(11)
	県行造林	1,160(9)	1,227(9)
	公団造林	58(0)	60(0)
	住民分収林	3,048(23)	2,318(18)
	小計	5,605(42)	5,024(38)
その他貸付林		915(7)	394(3)
合計		13,456(100)	13,124(100)

資料：第2次住田町林業振興計画策定報告　各期の公有林経営計画書より作成

クエリアとして活用することを考えている。実態としては木材生産を中心に構想された第1次林振計画とその実行が、今後は、森林をレクエリア空間としても位置づけ、新たな地域森林と定住者の論理を携えたこと、これが第2次の林振計画の大きな特徴である(4)」と、いち早く時代の変化を捉えつつ、それを新たな地域づくりに繋げようとしているのである。具体的には、五葉山や種山ヶ原を森林レクエリアとして整備するものであった。

3　川下から川上へ、流通・加工施設の整備

　住田町の林振計画には当初より川下対策が組み込まれている。最終消費市場としての住宅市場と林業地を「つなぐ」ことが、地域振興には不可欠であるとの理解からである。そして、その具体化は、地域内の産業循環を拡大することを目的に、地域の側に住宅産業を興すことでチャンネルづくりを考えた。以下においては、この過程について整理しておこう。

(1) 住田住宅産業株式会社

　第1次林振計画の、「木材の生産・流通・加工に関する方向と対策」の章で、「住宅生産・販売の合理的な流通を図ることが必要」として、共同組織体としての「スミタホーム（仮称）」の設立検討が提案された(5)。これを受けて住宅問題検討委員会が設けられ、1982年、住田町、住田町農業協同組合、住田町森林組合、住田町製材業協同組合、住田町建設業協同組合、5団体のほぼ均等出資によって、第三セクター方式で「住田住宅産業株式会社」が設立された[2]。この会社は、地域林業の総合システムの中に位置づけられているものであるが、以下のような具体的問題の解決をめざすものでもあった。第1には、来るべき国産材時代に向けて「気仙スギ」の銘柄性を確立し、産地間競争に対応すること。第2には、住宅建設の停滞の中、大手住宅会社の地方住宅市場席巻に対抗するためには、地域の建設・製材業界の体制を強化する

---

② 2006年現在の組合員は、住田町、住田町農業協同組合、住田町森林組合、けせんプレカット事業組合、住田町建設業協同組合である。

表 3.6　住田住宅産業の建築棟数と完成工事高の推移
―県内だけでなく、首都圏からの注文も増加

(棟、千円)

	県内	県外			棟数合計	完成工事高
		東北	首都圏	その他		
1982年	3	0	2	0	5	53,700
1983年	6	1	7	1	15	223,440
1993年	12	0	3	0	15	345,210
1996年	7	0	3	0	10	409,743
1999年	5	0	2	0	7	312,227
2002年	6	0	(7)	(4)	6 (11)	170,158
2003年	6 (16)	0	1 (8)	(3)	7 (27)	211,507
2004年	5 (15)	0	(5)	1 (1)	6 (21)	257,032

資料：住田住宅産業（株）への聞き取り調査による　（　）は改築棟数

必要があること。第3には、優秀な技術を持つ300人ほどの「気仙大工」の多くが、出稼ぎで都市へ流出しており、地域に留めてその技術を生かすこと。第4は、住宅産業は、大工・左官・電気・ガスその他関連業種が多く、それを山村経済の活性化と雇用の場の確保に繋げること、である。

　住田住宅産業は、気仙杉を使い、伝統的な気仙大工によって造られる個性的な注文住宅を「親子三代もつ本格木造住宅」として供給を始めた。しかし、住宅業界の変化にも対応せざるをえず、現在は、町内の加工工場と連携しながら、ムク材を中心に、集成材・プレカットも利用した家造りを行っている。最近は、増改築や店舗の木材内装などの仕事も増えている。**表3.6**にみるように、岩手県内だけでなく首都圏からの注文も増加し、20年間で約250棟も着工している。2005年現在、従業員は10名でその内の5名が大工であるが、その他、現場に応じて必要な町内の大工を雇用している[3]。

（2）けせんプレカット事業協同組合

　住田型林業の特徴のひとつは、川下の住宅産業から川上に向かってのルー

---

[3]　気仙職業訓練協会2002年8月の資料によると、住田地区建築大工技能者は、1984年には89名であったが徐々に減少し続け、2002年には35名である。

ト整備があることである。

　1993年に気仙2市2町[4]の林業関係、建設業、工務店100社を組合員とする「けせんプレカット事業協同組合」が操業を開始した[5]。大工職人の後継ぎを補うとともに、工期の短縮、付加価値の高い地域材の大量かつ安定的な供給を目的に、産地形成型林業構造改善事業（国産材加工施設整備事業）の導入によって設立されたのである。

　コンピュータ制御の加工機による高精度で安定した品質の建築材を提供することによって、当初223棟分からスタートした事業は、1999年には466棟と着実に実績を伸ばしている。1994年には、プレカット材を利用する住宅建築会社「けせんホーム」を、1998年にパネル加工施設、2000年造作材加工施設、2002年陸前高田に金物工法プレカット施設を各補助事業により整備し[6]、そして2003年には、環境対応の国の補助金である地域材利用促進対策事業（木質バイオマスエネルギー利用促進事業）を利用して、いち早く木質ペレット製造施設を設置した。時代のニーズに合わせて、必要な施設を拡大しながら生産を伸ばしているのである。若者を中心に住田と陸前高田工場合わせて2003年現在84人の従業員を雇用しており、地域の雇用拡大に多大な貢献をしている。

（3）三陸木材高次加工協同組合

　1996年から2市2町の合意のもと住田町林業振興協議会が中心となって、国産スギ材の集成材試作に着手した。スギ集成材施設の整備は、国産スギの生き残り策において、その切り札として期待された。しかし、その事業設立までには多くの困難があった。幾多の試作や事業規模の見直しを経て、1999年に川上から川下までの17団体で構成する「三陸木材高次加工協同組合」

---

[4]　大船渡市、陸前高田市、三陸町、住田町
[5]　2003年現在は103組合員である。
[6]　補助金は、間伐材利用技術開発促進事業、木材供給圏確立型林業構造改善事業、地域林業確立林業構造改善事業による。

写真3.1：住田町木工団地　（大船渡地方振興局農林部HPより転載）

が設立された。集成材加工・乾式防腐加工を行うこの施設は、経営基盤強化林業構造改善事業（木材供給圏確立型林業構造改善事業）を利用したものであった。2007年3月現在、組合員は18団体であり、従業員は56人（うち女性10人）で、国産スギの構造用集成材を中心に製造している。

（4）協同組合さんりくランバー

　2002年には、森林所有者への利益の還元と、川下企業への安定的な木材の供給という材と利益の循環装置たることをめざし、プレカットおよび集成材工場向けのラミナ生産施設「協同組合さんりくランバー」を設立した。これも地域林業確立林業構造改善事業を利用し、気仙地方森林組合、釜石地方森林組合、陸前高田市森林組合をはじめ、素材・製材協同組合など9団体の出資で整備されたものである。けせんプレカット事業協同組合と三陸木材高次加工協同組合も出資者に名を連ねている。現在、職員は16人（パート4人を含む）おり、2シフト体制によるフル操業で、ラインを19時間半止め

ることなく動かしている。

(5)「川上から川下まで」の完成

こうして、生産・流通・加工販売という「川上から川下まで」の地域林業システムは一応完成した。木材加工の3協同組合は、住田町世田米地区の気仙川に沿った地域に一大木工団地を形成している。

1万3,000haと国内で最も広い町有林を持つ住田町、その町有林と町内の私有林の整備の大半を担う気仙地方森林組合、地域の山から産出した丸太を挽く協同組合さんりくランバー、挽いたラミナで集成材をつくる三陸木材高次加工協同組合、その集成材をハウスメーカー用にプレカット加工を行うけせんプレカット事業協同組合、それら集成材や地元産のスギで家を建てる住田住宅産業株式会社、このような流れを完成させて住田型林業システムとして地域経済社会をけん引している。

引用文献

(1)　資料：「すみた」1982年版
(2)　住田町林業振興協議会「住田町林業振興計画書」、1978年、p.43
(3)　住田町林業振興協議会「第2次住田町林業振興計画策定報告」、1993年、p.15
(4)　前掲書(2)、p.131
(5)　前掲書(1)、p.294

第3節　地域林業からみんなのための森林へ

1　FSC森林認証取得までのあしどり

（1）住田町が森林認証取得へ向かう背景

　第2節でみてきたように、住田町では1978年に第1次となる林業振興計画を策定して以来、「住田型林業」の確立をめざしてきた。木材生産システムとしては、製材から住宅まで一体的な生産が行われる、国内でも有数のシステムを作り上げた。しかし、依然低迷する林産業の中で世界的な産地間競争が展開される木材分野において、高品質の製品を提供するのは当然であり、産業としての持続を確固とするためにはさらに製品に対してプラスαの付加価値を付けることが重要であると考えた[1]。その「プラスα」として注目したのが、森林を、環境に配慮した森林経営であると国際基準によって評価してもらうFSC森林認証制度であった。山元で「持続可能な森林管理のもとに育成され・伐採された森林」であるというラベリングを受け、そこからの材に「認証材」という付加価値を付け、これまでシステム化してきた事業体を通して川下まで流そうというものである。「認証品」として消費者に渡るには、通過するすべての工程が認証を受けていなくてはならないが、第2節の3でみてきたようなシステム整備を行ってきた住田町では、それは比較的容易なこととみられた。そこには、林振計画以来強固なネットワークを形成している地元大学教授との日常的会話が大きくかかわっていることは指摘しなければならない。

　全国で最も広い町有林を持つ住田町においては、林業の振興なくしては町の発展はなく、林業を振興させることが町勢の発展に繋がると考えたのである。もちろん、世界的な環境重視のベクトルの中で、地域の経済だけでなく自然環境や地域住民の生活安定をも課題化可能であることは大きな魅力であった。

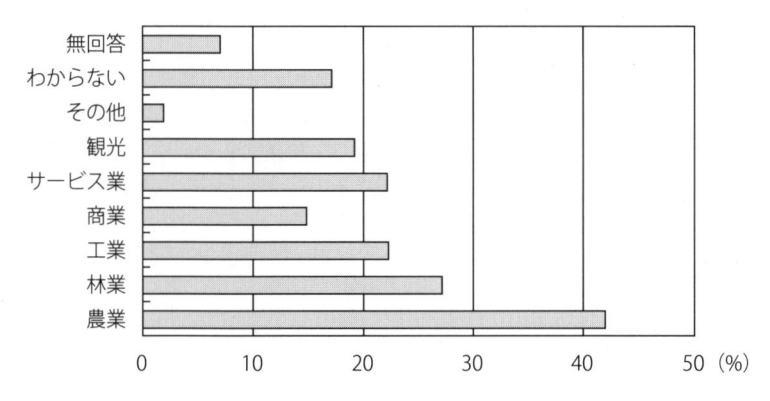

第3章　FSC森林認証を中心とした森林管理と地域の変貌　101

図3.3　問「どの部門の産業に力を入れていくことが大切だと思いますか」

　森林認証制度への理解については、1998年10月、盛岡において林野庁や環境庁後援の国際シンポジウム「グローバリゼーションと森林認証－持続可能な農林業へ向けて－」が開催され、ここでＷＷＦやイギリスの認証機関によってFSC森林認証についての講演が行われたことが、岩手県内だけでなく日本で森林認証を考える大きなきっかけとなっている[①]。住田町も例外ではなく、それを町に持ち帰って、町の持続的発展のために取り込むべく、森林認証について勉強し始めることになる。
　2002年3月、住田町は、町の総合発展計画に反映させるためアンケートによる町民の意識調査を行った[②]。そのアンケートへの回答から町民の意識をみると、問「住田町のいいところとして、これからもずっと大切にしていきたいものはなにか」への答えは、「恵まれた自然」が63.6％、「豊かな人情」が41.2％であった（複数回答）。森林に囲まれ、きれいな川の流れる山村の生活を大切にしていきたいとの意思がみられる。「町の産業のどの部門に力を

[①]　国際シンポジウム「グローバリゼーションと森林認証－持続可能な農林業へ向けて－」、「グローバリゼーションと森林認証」シンポジウム実行委員会、1998年12月7日盛岡で開催。
[②]　住田町アンケート、2002年3月、20歳以上70歳未満の有権者より無作為抽出2000人、有効回答率89％。

表 3.7 問「町を活性化するためには、どのようなことが重要だと思いますか」

企業の誘致や新しい産業起こしをすすめる	43.6%
特産品の開発や加工など、生産物の価値を高める対策をすすめる	38.5%
農地や森林がこれからも良好な状態で保たれるような対策をすすめる	25.8%
からだや心の健康を保つためのやすらぎの場として整備する	19.7%
下水道や道路交通条件などの生活環境を整備する	16.0%
グリーン・ツーリズムをすすめるなど観光振興を図る	10.7%
わからない	6.8%
その他	1.6%
無回答	11.4%

入れていくことが大切か」の問いには、**図 3.3** のように、「農業」が 41.9% を占め、次いで「林業」の 27.1% であった。さらに「林業において、これから重要となっていくと思われること」を問うと、一番が「後継者技術者育成」で 32.0%、次が「販路拡大・新分野進出」で 15.2% であった。豊かな森林を利用した林産業の拡大と、それに伴う雇用によって若者が定住できる環境が整うことが重要と考えていると読むことができる。「町を活性化するためには、どのようなことが重要だと思いますか」の問いには、**表 3.7** ように、「企業誘致や産業起こし」に次いで、「生産物の価値を高める対策」や「農地や森林がこれからも良好な状態で保たれるような対策」が重要であるという回答が多かった。これらの回答からも、町は、森林認証取得へと向かうことは町民の意思に反しないと考えたのである。

2002 年 5 月に森林認証取得をめざすべく「森林認証推進委員会」を設置し、林業関係者と一体となって取り組むこととなった。

（2）住田町森林認証推進委員会の取り組み

「住田町森林認証推進委員会（以下、推進委員会）」は、町、気仙地方森林組合、木材産業関係者、森林所有者、学識経験者の 13 名で構成された[3]。この 2002 年時点では、国内で FSC 森林管理認証を受けていたのは速水林業を

---

[3] 2004 年度は 17 名であった。

表 3.8　住田町森林認証推進委員会の構成

選出区分	所属
学識経験者	岩手大学農学部教授
森林組合	気仙地方森林組合参事
〃	気仙地方森林組合業務課長
地場産業関係者	住田素材生産業協同組合青年部長
〃	けせんプレカット事業協同組合専務理事
〃	三陸木材高次加工協同組合専務理事
〃	住田住宅産業株式会社代表取締役社長
森林所有者	気仙地方森林組合代表理事組合長
〃	スギ苗生産者
住田町	住田町林政課長
〃	住田町林政課林政係長
〃	住田町林政課主任
〃	住田町林政課主任

資料：住田町「平成14年度森林認証普及促進事業報告書」

はじめわずか4ヵ所で1万haほど、世界でも370ヵ所にすぎなかった。したがって、委員のほとんどがFSC森林認証制度についてよく知らず、まずそれについて勉強することから始まった。

同年7月には、先進地視察として2000年に認証を取得した高知県の梼原町森林組合へ行き、研修を行っている。梼原町森林組合での森林管理のあり方や組合職員の対応の適切さに、視察に参加した森林所有者のひとりは「認証を取ることで、森林組合がこんなにすばらしく成長するなら、森林認証とはすごいものだ」と感じたという。

同じ7月に、住田町、気仙地方森林組合、けせんプレカット事業協同組合、三陸木材高次加工協同組合、協同組合さんりくランバーの5者は、「森林認証取得に係る覚書」を取り交わしている。これは、互いに連携し一体となった取り組みのもと森林認証取得をめざそうとするもので、気仙地方森林組合は、町有林と一部民有林にかかわる森林管理認証の認証主体となって、2003年をめどに認証の取得を図ることと、3事業体は加工流通認証（CoC認証）の認証主体となって、森林管理認証と同時の認証取得を図ることを約束したものである。住田町は、認証取得にかかわる支援、助言、指導、調整という役

表 3.9 住田町における森林認証への取り組み状況

2002年			第6回推進委員会
5月	町林業振興協議会幹事会	12月	第7回推進委員会
	町林業振興協議会	2003年	
	第1回推進委員会	4月	森林認証研修会（岩泉町本審査）
6月	認証覚書取り交わし		第8回推進委員会
7月	梼原町森林組合先進地視察	5月	第1回町民意見交換会
	WWF山笑会		町内環境座談会（20ヵ所）
	認証機関代理店との協議	6月	町内認証推進座談会
	第2回推進委員会	6,7月	森林認証研修会
8月	森林認証研修会（森林組合デー）	8月	審査のための現地検討会
	第3回推進委員会		森林認証研修会
9月	意見交換会		第9回推進委員会
	認証機関代理店との協議		第10回推進委員会
	第4回推進委員会	9月	第2回町民意見交換会
	第5回推進委員会	10月	FSC森林認証本審査
10月	FSC森林認証予備審査		

資料：平成15年(2003)「森林認証グループ管理計画」より作成

割を果たすことになる。

　推進委員会は、2003年10月の本審査まで10回の委員会を開いている。**表 3.9**は、森林認証への取り組み状況をみたものである。

（3）FSC森林認証取得へ

　推進委員会では、学識経験者の助言を受けて森林認証について学びながら、同時にそれぞれのかかわるところを役割分担して、2003年10月の本審査へ向けて準備を開始した。

　町有林には未整備の林分はなく、同時に取得希望の民有林においても問題はないと思われた。しかし、FSC森林認証取得のためには、それらの具体的な内容がすべて書類上に明記され証明されることが求められる。管理計画や契約書、各種手順書だけではなく、森林整備の段階で、生態系を壊したり水を汚すような作業や作業道の取り付けを行っていないか、作業員の服装、安全対策やチェーンソーオイルの処理方法についての指導・教育を行っているか等の証明書類を準備しなければならなかった。他にもさまざまな文書化や

表 3.10　意見交換会出席者

岩手植物の会理事、岩手県鳥獣保護員、住田町町有林保護員、住田町文化財調査委員、ゴミ不法投棄監視員、岩手生協けせんコープ理事、陸前高田市農業協同組合専務理事、気仙川をきれいにする会会長、気仙川漁業協同組合事務局長、気仙地方森林組合青年部長、住田観光開発株式会社主任

資料：住田町森林認証普及事業報告書 2003 年

地図化が求められ、これまで国や県のマニュアルどおりに書類を作ってきた役場や森林組合にとって、これら前例のない書類づくりは大きなハードルとなった。

　もっとも難しかったのは、モニタリング項目の作成であった。これまでは計画の策定時にモニタリングを規定することは必要なかったため、何をどう行えばいいのか前例とするものがないのである。多大な時間をかけながらも、10 原則につき 44 項目にわたるモニタリングの内容を検討し決定した。そこでは、モニタリングの費用も評価されるため、町内小学校の生徒による川の水質検査や、県が行う検査、また役場の課を横断した各種報告書を利用するなど費用負担を少なくする配慮がされている。

　モニタリングと同じように、環境に配慮すると同時にコスト意識を持って、森林からの有形無形の収穫が、循環し地域社会に還元されていることを証明するのも容易なことではなかった。またさらに、地域住民へ認証の説明をして理解を求めることも重要であり、表 3.9 にみたように、町内 20 ヵ所での説明会や数回の座談会、植物・鳥獣・農業・漁業・消費者など、表 3.10 にある専門家や代表との意見交換会も行った。

　2003 年 10 月の本審査に先立って、認証機関から町内林業関係者や各界の人々 30 人に、地域の利害関係者として意見を聞く調査用紙が送られた。返送された回答の中には、「FSC の認証によって、自然が保たれ、川を子孫に立派な川として残していけると思う」とか「消費者の立場から、きちんと管理された森林から給出される製品があることを広めていきたいと考えている」「林業関係者だけでなく、住民一丸となって取り組んでいかなければならないと感じている」など、認証に期待するだけでなく、自らもかかわっていかな

> ### 北東北の基準と指標
>
> 　1998年の青森、岩手、秋田の3県知事サミットで合意された「北東北環境宣言」に基づき、2004年、北東北3県の大学や試験研究機関の研究者らによって「北東北における持続可能な森林経営に向けた基準と指標」が策定された。この基準と指標は、森林生態系の保全、森林の生産力の維持、森林の健全性維持、森林の機能発揮、持続可能な森林経営の推進の6分野、21基準と49指標からなっている。この基準と指標の大きな特徴は、モニタリング手法がまだ確立されていない時期の策定であるにもかかわらず、それぞれの指標にはモニタリング項目が付記され、一部の項目ではあるが、持続可能な森林の実践において到達すべき目標として数値目標を設定してあることである。
>
> 　この北東北の基準と指標は、モントリオールプロセスの北東北ローカルバージョンとしての性格と同時に、FSC森林認証のローカル基準としても機能すべく期待され、とりまとめられたものである。

ければならないと感じているものが多くみられた[2]。

（4）地域の森林管理計画

　審査にあたって提出された認証グループ全体の森林管理に関する計画書[3]では、基本理念として「自然環境と調和しながら、森林の蓄積を減らすことなく、持続可能な森林経営を通じて地域に貢献します」と宣言している。この管理計画は、森林組合と町が協同して立案し、推進委員会で承認を受けたものである。認証取得後、森林管理作業は、森林組合を中心に行われるが、下段で述べるグループ管理会が最終的な承認を行って、森林管理を促進する役割を果たすこととなっている。

　森林管理の基本方針は、以下のとおりである。

　①自　然

地域に存在する恵み豊かな自然環境を保全します。

天然林をはじめ、多種多様な森林を保全します。

貴重な野生動植物を保護し、生物の多様性豊かな森林空間を維持し持続します。

水源を涵養し、水質の保全と生物の多様性に貢献します。

②社　会

地域における就業の安定と雇用の創出につとめ、地域の社会的・経済的発展に貢献します。

森林からのさまざまな生産を通じ、地域の活性化を図ります。

地域内外の多くの人々、特に子供達への環境教育と、林業体験等の場としてフィールドを提供します。

地域の文化や伝統を尊重し、次代へつないでいきます。

写真3.2：森林認証の森には、所有者の名を付けた看板がある

③経　済

林野からのさまざまな産品の安定供給と利用の拡大・高度化に努め、循環型社会を実現します。

木材生産においては、マーケット・メカニズムを尊重し、コスト論理も失わないよう心がけます。

森林の取り扱いにおいては、目標となる作業・施業を明確にし、森林に携わるすべての人々の安全確保を図ります。

　森林施業の基本とされるのは、5カ年ごとに改訂される森林施業計画制度における「森林施業計画」であるが、グループ管理計画では、30年後、50年後の中・長期の齢級構成の推移も予測し、再造林等の計画概要も示している。

　いくつかの改善条件や勧告が出されたものの、本審査を通過し、2004年3月に認証が授与された。気仙地方森林組合を代表者とするグループ認証で、面積は町有林8,084ha、私有林68名1,182haの合計9,266haの森林である[4]。

---

[4]　2006年10月現在の認証森林面積は、町と私有林所有者99名の森林合計9,775haである。

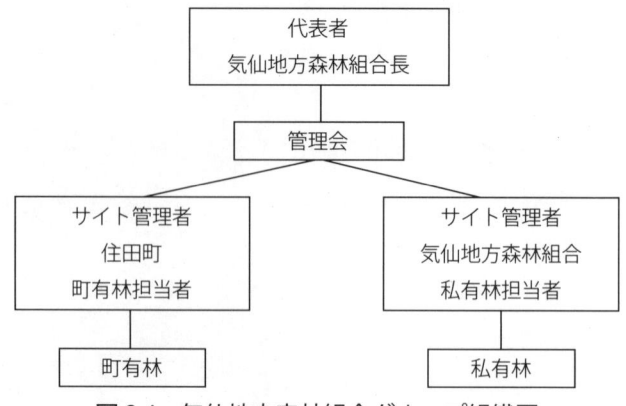

```
                    ┌─────────────────┐
                    │     代表者       │
                    │ 気仙地方森林組合長 │
                    └────────┬────────┘
                             │
                      ┌──────┴──────┐
                      │    管理会    │
                      └──────┬──────┘
                  ┌──────────┴──────────┐
         ┌────────┴────────┐   ┌────────┴────────┐
         │   サイト管理者    │   │   サイト管理者    │
         │     住田町       │   │  気仙地方森林組合  │
         │   町有林担当者    │   │   私有林担当者    │
         └────────┬────────┘   └────────┬────────┘
              ┌───┴───┐               ┌───┴───┐
              │ 町有林 │               │ 私有林 │
              └───────┘               └───────┘
```

図 3.4　気仙地方森林組合グループ組織図
資料：「森林認証グループ管理計画」より作成

このグループの管理組織は、審議機関・意思決定機関として管理会を設け、認証森林を町有林と私有林の2つのサイトに分け、それぞれを町の担当者、森林組合の担当者が管理に責任を持つ。組織図は**図 3.4**のとおりである。

同時に、気仙地方森林組合と協同組合さんりくランバー、三陸木材高次加工協同組合、けせんプレカット事業協同組合、住田住宅産業株式会社の4事業体がCoC認証を取得した。

2　認証取得後の森林・林業システムや地域における変化

FSC森林認証を取得してから1年以上が経過しても、認証材や認証製品がスムーズに市場に流れる状態には至らなかった。しかし、様々な側面で確実に変化がみられた。

筆者は、2005年1月に、住田町において認証取得後の変化についての聞き取り調査を行った。それを、これまで行ってきたこと、現れてきたことを「事実」として記載し、現れてきたことへの「評価」、そして今後の計画や進むべき方向と考えることを「意向」として表に整理した。以下では、その内容を順にみていく。

（1） CoC 認証取得事業体への聞き取り

①住田町住宅産業株式会社では、コーナーラックやワゴンをはじめ様々な認証製品を製作し、それを近隣市町の産業まつりなどで販売した。消費者に森林認証について直接説明することができ、商品への反応を知ることができるからである。まだすべて認証材の住宅を建設するまでには至っていないが、顧客に対して説明をすると大変関心を持つという。産地のわかる材を使いたいという意向は大変強く、今後も消費者と直接交流しつつ、意見やニーズの把握に力を入れている。

また、住田町で地元学を支援する団体のコーディネートで、気仙大工の技を使った、釘を使わない「手作り豆腐キット」を製作した。認証スギを使い、組み立て式にしたもので、地元産大豆をセットにし、東京での「食育フェア」に出品した。それらは、社員が製作したものだが、今後は、元気仙大工の人達の技を使って、多くの製品を作れるようにしていきたいという。商品ができればパッケージづくりなどに女性たちの雇用も可能になり、シルバー人材や女性の雇用増につなげることができる。

認証材については、別に納品書を作り、普通材と分けて管理しなければならず、社員や職人は、その履歴や値段を知ることで、材を無駄なく使うなどこれまでよりも慎重に材を扱うようになったという。

さんりくランバーでは集成材用のラミナ材しか挽けないので、自社で構造材を挽いて、早くすべてが認証材の住宅建設を可能にしたいとの希望を持っている。

これまでに町内の木工を行う工務店と製材所がそれぞれ1ヵ所ずつ、CoC認証製品を作る委託の作業所として認証を受けている。

②けせんプレカット事業組合では、ハウスメーカーとの契約でプレカット材を出荷しているのだが、そのハウスメーカーも、材がコンスタントに出るようになればCoC認証を取って認証住宅を建設する意欲をみせているという。しかし、山元からなかなか認証材が思うように出てこないことに不満を持っている。

表 3.11　住田住宅産業（株）への聞き取り

住田住宅産業株式会社	①事実 ・コーナーラック、ワゴン、すのこ、ティッシュケース、手作り豆腐キットなど製作 ・産業まつりなどで直接販売 ・豆腐キットは、ローカルジャンクション 21 の提案で、ニッポン食育フェアで販売 ・製作委託先の黄川田木工に機械 2 台 ・住宅の施主に認証材の説明をする→ほかのひとにも話してくれる ・様々なサイズの材が欲しいが、ランバーで挽く材に限りがあり、入ってこない ②評価 ・住宅建築希望者は認証の説明に高い関心を示す ・認証材の履歴や値段を知ることで、職人が材を無駄なく使うようになった ・直接販売・委託販売は、直接消費者の意見が聞ける ・もっと認証材がスムーズに流れれば、製品はたくさんつくれる ・認証を取ったことで、木工団地のさまざまな難しさがみえてきた ③意向 ・廃工場等を借りて機械 6 台にし、シルバー人材センターの元大工 20 数人を雇用予定 ・製品が多くできればパッケージに女性数人必要 ・豆腐キットは地元生協に委託販売したい ・丸太を挽く台車が欲しい―構造材も挽けて家全部認証材可能 ④地域との関係 ・認証集成材で、役場の告知板を、大股公民館の間柱・戸などを認証材で造った ・食育フェアで認証製品の販売時に、地域の婦人たちの団子づくり実演（協働） ・産業まつりなどで、興味を持って認証製品を購入、新年懇話会等でFSCの話をするとみんな寄ってきて話を聞くなど、地域の人々の関心は高い

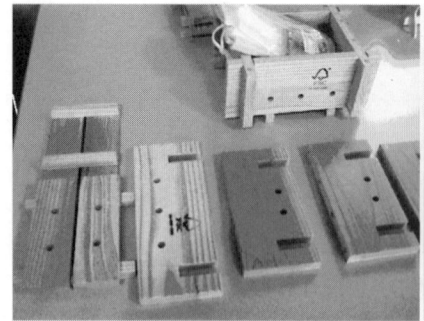

写真 3.3：住田住宅産業「手作り豆腐キット」と家具類

表 3.12 けせんプレカットへの聞き取り

けせんプレカット事業協同組合	①事　実 ・工場従業員（105 名）に、朝礼等で認証について話す ・住田町の材が伐られず、三陸・大船渡・陸前高田からの材の流れが増えている ・需要はどんどん増えている ・ハウスメーカーは FSC に意欲的。材が出れば認証も。 ・ハウスメーカーの仲立ちで、FSC 障子・ふすま枠を直接売る ・プレカットは事業拡大とともに、山元へも働きかけを行っている ②評　価 ・町有林をもっと伐るべき、住田の材は伐れば使える ・森林組合の所有者への働きかけが不足 ・プレカットが何度も買いたいといっても、森林組合は伐ろうとしない ・伐りたい所有者はたくさんいる ・認証を取ったことで、森林組合のシステムの問題点がはっきりしてきた（伐る計画性がない→事業体は、業者との契約を破るわけにはいかない） ③意　向 ・住田町だけでなく、気仙単位で認証をとって欲しい ・事業拡大には、川下で安定的に需要を作り出していくことが必要 ・ペレットは、ランバーから入るのは 20％しかなく、認証材 100％で作るのは今のところ無理 ④地域との関係 ・山にかかわる人だけでなく、顧客・町民が認証に期待を持っていることが感じられる ・川や海がまもられる

　木質ペレットの製造は 2002 年から行っており、町施設などで利用している。認証材 100％ペレットの生産も認証を受けているのだが、現在さんりくランバーから入ってくる認証材は生産量の 20％しかなく、認証材（残材等）100％で生産するペレットは現在のところ実現していない。
　いずれにしても、森林組合が川下で必要とする材を必要な形で伐ってくれなければ、認証製品の生産にはつながらないと、森林組合に対する要求が多かった。
　③三陸木材高次加工協同組合では、これまでのように普通材の注文が多くフル稼働している状態なので、認証材がなかなか伐採されて出てこないこともあり、認証品を多く出せずにいる。生産したものは、住宅産業で製品化した。

表3.13 三陸木材高次加工への聞き取り

三陸木材高次加工協同組合	①事　実 ・認証品生産したが、プレカットが非認証品で流す。住宅産業で少し認証材として使用 ・今は、作っても作っても間に合わないくらいなので、認証品に手がまわらない ・森林組合に川下からの意向を伝えているが、それに答えない、計画性がない ②評　価 ・認証材のアピールが足りない。こだわりのある消費者はたくさんいるはず。 ・認証材が安定的（量・価格）に消費されるシステムが必要 ・住田は、昔からの林業地ではないので、何にでも柔軟に対応できる ・森林組合は、エンドユーザーにあった間伐・全伐方法をとればいい ③意　向 ・認証の家は年に1～2棟でいい。小さいものをたくさん作る ・バイオマス乾燥機が稼動すると、大量の材が乾燥でき、間伐材も無垢で売れるようになり、森林組合はそれに対応できるようにして欲しい ④地域との関係 ・作業方法の改善により、災害や人災がなくなり、風倒木も減るだろう ・五葉山のヒバを利用して、地域の人が家庭で木工品を作れるといい

もっと安定的に伐採され、消費されるシステムが必要である。

　住田町は、いわゆる新興林業地であることから、何にでも対応できる柔軟さがある。まだまだ、改良の余地・可能性がたくさんある、という。

　④協同組合さんりくランバーでは、町有林・私有林からの認証材を製材したが、川下では残念ながらなかなか認証製品として流れない。認証を取った私有林所有者には、認証材1石あたり100円プラスで支払っており、森林所有者にとっては価格プレミアムとなっているが、認証材として流れなければ、大変な負担になる。材を大量に出せばコスト増にはならないのだが、という話であった。

　木工団地の各事業体においては、従業員は分別された認証材の履歴や値段を知ることで、これまでより材を無駄なく丁寧に扱うようになっており、また、認証にたずさわることでより誇りをもって働くようになったという。さらに、山元の森林組合に必要な長さで採材するよう注文を出すという段階に至っており、エンドユーザーの要求にあった材を素材生産することで、無駄な端材を出さず、より歩留まりの高い製品作りをめざしている。

表 3.14　さんりくランバーへの聞き取り

| 協同組合さんりくランバー | ①事　実
・町有林・私有林 FSC 材 2500 石流した→川下で FSC 材として流れない
・認証材には、所有者に石 100 円プラスで支払っている
・現在は、ラミナ（三木へ集成材）と小幅板（プレカットへ）しか挽けない
・所有者は、森林組合ではなく業者に直接伐採依頼している→認証材にならない
・カラマツは 7～8 割北海道から仕入れている
②評　価
・材を大量に出せれば、認証材としてコスト増にはならない
・素材生産時、作業に気を使うようになった（搬出、枝、災害）
・山主に環境配慮意識→全幹集材せず 3 m の玉伐りで搬出道造らずに搬出（3 m はプレカット顧客の要望）。水をよごさずに済む
③意　向
・皆伐は業者にさせ、森林組合は間伐をすればいい
④地域との関係
・認証に対する町外からの見方を住民に知らせるべき |

　どの事業体でも、積極的に認証製品を生産したいと考えているが、森林組合が必要な材を柔軟に伐出することができないことに不満を持っている。認証取得した私有林所有者が、森林組合に頼まず、認証を取っていない素材生産業者に伐出を依頼して認証材にならなかったケースも出ている。事業体では、業者との契約を優先させなければならず、コンスタントに出てこない認証材を待っているわけにはいかないので、森林組合が、町有林だけでなく認証取得所有者にも働きかけて、事業体の用途にあった認証材の計画的な伐出を強く望んでいる。これは、気仙地方森林組合が住田町と大船渡市の合併森林組合であるため、その一部である住田町の作業だけを行うわけではないことにも原因があると思われ、気仙単位の認証取得を望む声もあった。さらに、森林組合が造林以降、森林の成長に応じた作業班の編成のし直しなどを行ってこなかったことにも大きな問題がある。伐期まで成長した木々を伐採できる能力をもった担い手を育成することができず、高齢者による作業班での伐採にはおのずと限界があるであろう。

（2）認証取得私有林所有者への聞き取り

　認証取得林家であるA氏は、認証には森林組合から声がかかって参加したという。自分は、年間数万円の負担（年次監査費用）で環境が保たれるのなら賛成であるが、毎年生産しない所有者ではその費用負担に賛成しないだろうと考える。

　すでにスギの間伐と全伐を行ったが、搬出道を造らず、林内で玉伐りして出した。森林組合の作業は良い。全伐の跡は、天然林に更新する予定。認証を取ったことで、山を荒らさずに済み、地域への責任も果たせる安心感がもてた。

　将来は、自分でCoC認証を取って、自分の山の木で、地域の人たちに木工品を作ってもらい産直などで認証品を売りたいという希望を持っている。

表3.15　認証取得私有林所有者への聞き取り

認証取得私有林所有者	①事　実
	・森組から声がかかって参加した。所有林270haで認証取得
	・スギ間伐1ha, 全伐1.25ha, 搬出道を造らず、玉切りで出した
	・認証材の価格に上乗せがあると聞いたが、上乗せ価格がいくらか知らない
	②評　価
	・年間4万円くらいで環境が保たれるのなら賛成、しかし、毎年生産しない所有者は費用負担に賛成しないだろう
	・森林組合の作業は良い
	・認証をとったことで、山を荒らさずにすむという安心感がある
	③意　向
	・認証スギ全伐の跡は天然林に更新させる
	・自分の山の木を自分で認証材として使えるようCoC認証を取りたい
	④地域との関係
	・地域の人は、認証についてほとんど知らない
	・自分の山の木を伐って、地域の人たちの冬場の仕事として木工品を作らせ、産直で認証品として売りたい

（3）地域の人々の反応と意見

　認証システムそのものとは直接関連を持たないが、いわば地域の個性や山

間地の特徴的生産や生活の在りように理解を示し、地域生活の持続性追求に一体感を有する人々から、住田町の運動としてのFSC森林認証システムについて聞いてみた。一人は町内の商店主、次は下流の都市部に住む消費者、もう一人は流域の小学校において教育に携わってきた教育者、そして薬店経営者の4人である。いずれも認証システムの形成段階においては必ずしも十分な情報を得ていたわけではない人々である。しかし、一方では各々の仕事などを通じて地域社会や地域の個性ある生産の持続性を願う人々であり、このシステムがこれらの人々にどのように受け止められているのかを知り、あるいはこれらの人々の意見を踏まえ流域の多くの主体とどのようにコラボレートしていけばよいのかを把握することはとても重要なことである。

①農機具販売店主B氏

町内の個人の農機具販売店が、認証林では義務づけられている植物性チェーンソーオイル（鉱物性オイルの3倍ほどの値段）の販売を始めた。これは、若い林業者たちが積極的に購入するという。認証は取得していなくても、認証取得者との交流を通じて、それに準じた環境にやさしいオイルの使用、またこれまでの地下足袋や作業服に替わる外国製の安全靴や服などの安全装備への関心も高まっているという。

②消費者Cさん

Cさんは、地域の産業まつりで販売されていた認証製品のワゴンやコーナーラックをすべて購入した。それまでFSC森林認証については知らなかったが、販売にあたっていた住田住宅産業の職員から説明を受け、地元の材で作ったものを使いたいと思った。将来は地域材で別荘を建てる計画があり、そこで認証製品を使いたいと考えている。

Cさんは、役職をたくさん持っており、今後、多くの人に認証について話す機会を持つ意向である。

③小学校校長Dさん

小学校校長であるDさんは、住田町に赴任してきて、他の町村に比べて、様々な職業の人たちが森林をまもろうとしていることに驚いたという。FSC森林

表 3.16 地域の人々への聞き取り

農機具販売店主	①事　実 ・認証基準の植物性チェーンソーオイルや外国製の安全靴・服などを販売し始めた ・高価格にかかわらず、非認証取得者の若い林業者たちがそれらを購入する ②評価と③意向 ・若い林業者たちは、町内外の林業者との交流を通じて、環境配慮に目が向くようになってきた
消費者	①事　実 ・産業まつりで説明を受け、認証ワゴン、コーナーラックを全て購入 ②評価と③意向 ・地域材で、地域の住宅会社を使って別荘を建て、認証製品を使いたい ・役職をたくさん持っているので、多くのひとに認証について話す機会がある
小学校校長	①事　実 ・本審査の1カ月くらい前に始めて「森林認証」について聞いた ・小学校でペレットストーブ使用、総合学習で水質検査 ・校長会の機関紙に認証について書いた。PTAの集会で認証について話した ・年1回、森林組合の出前学習がある ②評価と③意向 ・住田は、いろいろな職業の人たちが森林をまもろうとしている（他の地域は、職業毎にばらばら） ・自然がこのままであってくれればいい ・森林組合の出前学習に認証を取り入れればいい。子供たちへのプレゼントは認証製品がいい ・木工フェスティバルに認証材をつかえばいい ・自身が、ただの支持者ではなく、認証について小さなことから積極的に、まわりや子供たちに知らせて行きたい
薬店主	①事　実 ・町主催の種山森林公園散策会に参加した。そこで町役場職員の木の名札をみた ・店のスタッフ用に地元の木の名札を注文して、森林認証について初めて知った ・認証材の薬箱、認証についての説明書を注文した ②評価と③意向 ・地元の人には地域の良さがわからない。役場職員に東京から来た人がいたので、東京から来てまで町で働く人がいるのなら、住田はいい所なのかも知れないと思った ・人の健康にかかわる仕事なので、認証製品のような環境にいいものは是非お店に置きたい ・改装予定なので認証材のカウンターテーブルを置いてお客さんに寛いでもらいたい ・薬剤師としては、衛生面からも学校給食用の食器を大野町のように地元の木の器に替えたい ・自分の所属する経営者の集まりでFSC森林認証について講演をしてほしい

認証については、本審査の1ヵ月前くらいに初めて説明を受けた。小学校ではペレットストーブを使い、生徒が総合学習で気仙川の水質検査をしていることから、関心を持って本審査の公聴会へも出席した。

校長会の機関紙に認証について書き、PTAの集会でも父兄に話した。自分はただの支持者ではなく、まわりの人々や子供たちにもっと積極的に認証について知らせていきたいという。

④薬店主Eさん

薬店を経営するEさんは、住田町主催の種山森林公園の散策会に出席して、役場職員の着けている木の名札が気に入り、店のスタッフの名札を住田住宅産業に注文した。そこで初めて、それが認証材で作られFSCのロゴが付くことを知った。森林認証についてはそれまで知らなかったが、説明を聞いて環境に配慮したものならもっと利用したいと思った。木でできた薬箱をお店で売りたいと考えアイディアを出し、興味を持ってくれるお客さんに説明できるようFSC認証についての説明書も住田住宅産業に要請した。自らが所属する経営者の集まりで、森林認証の講演を是非して欲しいと希望する。今後、お店の改装を予定しているので、認証材をカウンターテーブルや床材に使いたいと考えている。また、薬剤師として地域の小学校の給食検査員もしていることから、傷の付きやすいプラスチックの食器から認証の木の器に変更できるようになればいいとの希望を持っている。

(4) 地域の変化—F氏 (48歳) の行動

地域の人々への聞き取りから、それぞれの立場で森林認証には大きな関心を示していることがわかった。ここでは、F氏を例に、もっと具体的にその行動をみてみよう。

豚1千頭の養豚業と15haほどの林業を兼業で営んでいるF氏48歳は、「住田町森林認証推進委員会」のメンバーでもある。推進委員会についての誘いを受けた最初の頃は、「森林認証なんて信用できない」と感じたという。しかし、認証について勉強するうち、「自分だけが儲かればいいというのでは、

山はもたない。山も自然も働く人も守られるようになるには認証を取ることが必要だ」と考えるようになった。それからは、町や森林組合からの依頼ではなく、自らの意思で、県種苗組合理事会、無農薬を勧める農業塾の講演会、中学校での職業教育（農林）の授業、小学校で森林についての授業、青年林業会議所での講習会など、数え切れないほどの集会に出かけて、環境を守ることの大切さと森林認証について説明を行っている。

住田町の森林認証管理者である気仙地方森林組合は、前述のように大船渡市と住田町の合併組合であるゆえ、現在認証のサイト管理者となっている森林組合役員は住田町の住人ではない。そのため、これまでの私有林認証取得者には地域的な偏りがみられたという。そこでＦ氏は、同じく林業を営む父親や知人のつてを頼って、2005年2月に町内35人以上の森林所有者を訪ね、1ヵ月で15人150haほどの新規加入予定者を増やすことができた。

「認証のグループに入ったからと他人に任せきりにするのではなく、みんなで何か"住田の森林はすごい"といわれるような行動を起こさなくては」と意欲的に行動し続けている。

（5）地域の人々へのアンケート調査より

筆者は、地域の森林についてさらに多くの地域住民の意向を知るために、2005年2月「FSC森林認証に関するアンケート」調査を行った。100名を無作為抽出、直接配布で67名（回答率67％）の回答である[5]。集計は単純集計である。サンプル数が町の有権者数の約1割と少なく、町民全体の意向とはいえないが、森林への関心や森林認証の認知度などを知ることができた。

回答者の年齢構成は、70歳代5名、60歳代15名、50歳代30名、40歳代18名、30歳代17名、20歳代15名、10歳代2名で、平均年齢は41歳。男女比は、男性61％、女性39％であった。60歳以上の町民が4割以上を占める住田町としては、比較的若い回答者が多いということである。

---

[5] アンケート回答者は、無作為で、筆者が住田町世田米の家庭を個別訪問して取得した20名、住田町役場に委託して取得した47名である。

回答者の91％は、林業を職業としていない人々である。この林業に関係のない町民の82％が、地域の自然や森林に関心があると答えている。

　「地域（住田町）の森林管理や林業は上手に行われていると思いますか」との質問には、「そう思う」が36％であったが、「心配な面もある」49％、「そう思わない」10％と6割近くの人々が不安を表明している。

　FSC森林認証制度については、「聞いたことがある」人は76％、「ない」は24％であった。一方、住田町が1年前にFSC森林認証を取得したことを「知っていたか」と聞いたところ、知っている人は79％いた。町の広報「すみた」には、森林認証についてのコラムを毎月載せているので、詳しくは知らなくとも、それを目にしている町民は多いと考えられるので、その成果とも思える。しかし、「森林認証制度には関心がありますか」と問うと、関心をもつ人は58％と、制度のことを聞いたことがある人の比率や住田町のFSC認証取得を知っている人の比率を下回っている。

　「森林認証のことをひとに聞いたり、逆にあなたから話題にしたりしたことはありますか」の問いには、「ない」人が60％で、「ある」という人39％を大きく上回り、また、「FSCのマークが入った住田町の森林認証製品を見たことがありますか」の問いにも、「ない」が58％、「ある」が40％と、先の問いとともに、もっと認証品が町民の目に触れるようにすること、そして関心を持ってもらえるような周知方法をとることが必要であることを表わしている。

　しかし、「FSC森林認証取得に期待していますか」と尋ねてみると、「大変期待している」34％、「期待している」54％、計78％もの人々が認証取得によって地域が変わるのではないかという期待を持っていることがわかる。

　「森林認証は多くの面にかかわって地域の森林・林業を方向づけるものですが、どの面に一番関心がありますか」の問いには、「自然の豊かさを守る」52％、「林業の再生産を保証する」30％、「木材市場への販売」15％という結果で、自然を守ることが一番であったが、林業生産の持続性にも関心があることがわかった。

以上、筆者の行ったアンケート結果をみてきたが、同じ 2005 年の 10 月に住田町が行った全戸配布アンケート（以下、全戸配布）⑥がある。「森林・林業日本一の町づくり」事業の住民評価のためのアンケートであり、森林認証に関する設問は少ないが、その中から関連する項目を以下に参考にしてみたい。

町の全戸配布の回答者比率は男性 52％、女性 31％であり、回答者の 48％が 60 歳以上であった。

全戸配布では、「森林認証」という言葉の認知度をみている。「言葉だけわかる」41％、「言葉も意味もわかる」25％で、「知らない」が 20％であった。前者 2 つを足すと 66％であるので、筆者のアンケートと比較しても、7 割前後の町民は「森林認証」という言葉については知っていることが確認された。

森林認証の設問ではないが、全戸配布の方は「生活・環境・社会などに関する問題について、あなたが関心をもっているものは？」と訊ねている。1 位・少子化問題 55％、2 位・生活ゴミ問題 53％、3 位・地球温暖化 47％、4 位・農業の衰退 40％、5 位・オゾン層の破壊 36％、6 位・林業の衰退 33％、7 位・ダイオキシン等有害化学物質 33％、8 位・エネルギー問題 31％（以下行政サービス、食の安全等、環境モラル、世界の貧困問題、熱帯林の減少、世界の人口増加、その他、複数回答）という結果である。ここからは、住田町町民は、身近な環境問題や農林業の衰退に大きな関心を持っていることが窺われる。

先の（3）でみてきた、何らかの機会に認証について知った地域の人々の反応や意見とともにこのアンケート結果をみると、住田町の人々は、身近な環境や地域の持続性には十分関心を持っており、今後、認証製品が町に多く出回るようになったり、森林認証を理解してもらう有効な周知方策がとられれば、森林認証によって自然も守られ、林業も振興し、地域社会の持続性を図ることができるという町民の認識や期待がより高まることが予想される。

---

⑥　住田町「森林・林業日本一の町づくり」事業住民評価のための全戸配布アンケート調査、2005 年 10 月、配布数 2,157 部、回収数 1,797 部、回収率 83.31％。

引用文献

(1) 住田町「平成14年度森林認証普及促進事業報告書」2003年、p.2 より
(2) ウッドマーク・グループ認証・公開レポート「気仙地方森林組合」、p.79-128 より
(3) 住田町森林認証グループ「森林認証グループ管理計画」2003年、p.4-5

第4節 「森林・林業日本一の町づくり」

1 「林業振興計画」から「森林・林業日本一の町づくり」計画へ

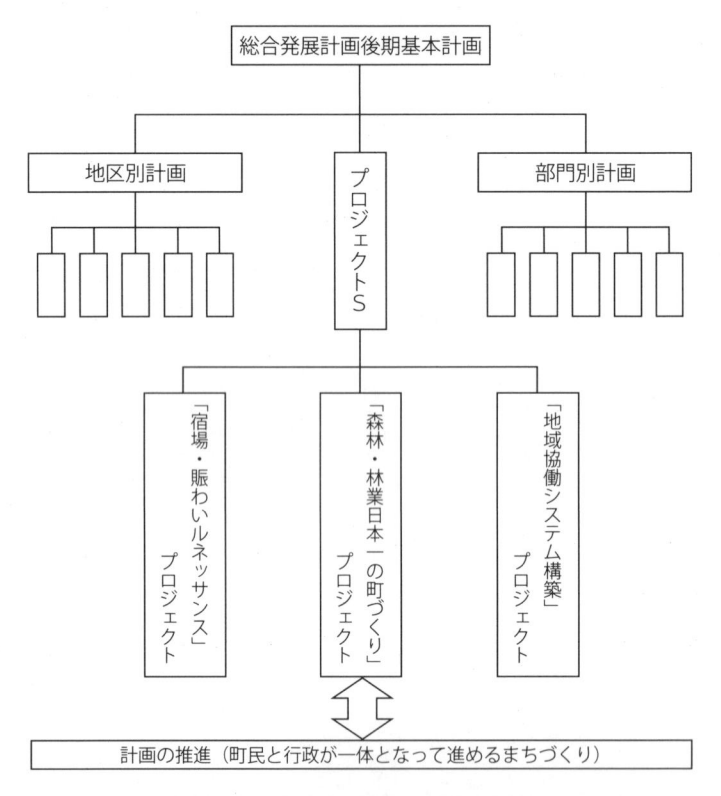

図3.9 「住田町総合発展計画後期基本計画」の体系
資料：住田町「総合発展計画後期基本計画」より作成

　第2節でみたように、住田町は、早くも1978年に町独自の林業振興計画を策定し、その後、林業システムの構築と森林の多面的機能への要請に応えるため、1990年からは第2次林振計画を策定しなおして実施してきた。2002年からは、さらに森林資源の循環システムの構築と時代が要請する環

境に配慮した森林・林業政策を検討し、「森林・林業日本一の町づくり」計画を策定した。以下では、まず、この計画の策定背景と策定までの足取りをみていく。

(1) 住田町総合発展計画後期基本計画での位置づけ

住田町は1997年度に、2006年度を目標年次とした「住田町総合発展計画基本構想」を策定した。行政部門ごとの施策の方向を定め、行財政運営の基本とするものである。1997年から実施された5ヵ年の前期基本計画の総括に基づき、2002年度からは後期基本計画が実施されている。

後期基本計画の体系は**図3.9**にみるように、「計画の推進」「プロジェクトS」「部門別計画」「地区別計画」で構成されている。「計画の推進」は町の基本的な姿勢と考え方を表しており、「部門別計画」は、行政部門ごとに現状と課題を踏まえた基本方針と施策の方向、「地区別計画」は町民と行政が一体となって、地区の特性を活かした地域づくりを進めるための、地区公民館単位の地域づくり計画である。「プロジェクトS」①は、当面は市町村合併を行わない方針を表明している住田町が、今後も町を自立・維持していくために取り組まなければならない最重点プロジェクトを示している②。「森林・林業日本一の町づくり」プロジェクトは、この町の自立・維持のための3大重点プロジェクトのひとつに位置づけられているのである。「森林・林業日本一の町づくり」プロジェクトの内容は**表3.17**のように示されており、これをもとに具体的な計画が策定されることになった。

(2)「森林・林業日本一の町づくり」計画

---

① この「プロジェクトS」の「S」は、Sumita(住田)、Soft（ソフト事業）、Sustainable（持続可能）の頭文字から採ったものである。
② 2003年2月「当面は住田町で自立・持続する」という基本姿勢を町長が発表し、同年3月の町議会定例会であらためて表明した。住田町「市町村合併に対する基本姿勢について」2003年。

表 3.17 「森林・林業日本一の町づくり」プロジェクト

課題・背景・資源	・町面積の大半を占める豊かな森林の体系的な活用が必要であること ・町有林が全国最大規模であることをベースとした施策が可能であること ・当町の林業・製材業が「我が国の模範」となりつつあること ・木質バイオマスエネルギーの活用、森林認証への取組みなど当町の積極的な活動が全国的に注目されていること
施策の方向性	・これまでの川上から川下までの林業・製材業のシステムを維持・発展させていく ・森林・林業を取り巻く新しい課題に積極的に取り組むとともに、町内の森林や材木の付加価値を高めていく ・地域づくり・観光・教育・住宅・公共事業などあらゆる面で「木」や「森」をベースに事業等を展開していく ・「住田町」自身を森林・林業のブランドとして発信していく ・以上を総合的に推進し、町内外にアピールしていく
具体的事業・システム例	・町有林の計画的な整備 ・川上から川下までの流れを確固たるものにするための支援 ・木質バイオマスエネルギーの積極的な活用（廃棄物対策） ・森林認証など森林の付加価値を高める措置の積極的な展開 ・日本一の森林教育の推進（学校教育・社会教育） ・「森林（もり）の科学館構想」の具体化（全町の「フォレスト・ミュージアム」化） ・「森の地元学」や「木・森」を中心としたグリーン・ツーリズム（フォレストツーリズム）の展開 ・特色ある特用林産物や木工等の展開 ・住宅・公共事業への「地元材」の活用 ・「森林・林業日本一の町」のＰＲ・発信や視察等の積極的な受入
期待される効果	・町内経済の活性化 ・町内雇用の創出 ・住田町の特色の明確化および町民の自信・誇りの醸成

資料：「住田町総合発展計画後期基本計画」より

　2002年の総合発展計画後期基本計画に基づく「森林・林業日本一の町づくり（以下、日本一の町づくり）」の計画は、学識経験者、県の地方振興局、林業振興協議会メンバー、そして住田町役場の係長等18名で構成される「森林・林業日本一の町づくり推進計画策定検討委員会」において、2年間にわたって検討され、2004年3月に策定された。第2次林振計画策定時には委員会に2人の森林所有者が加わっていたが、今回は含まれていない。しかし、役場を横断したかたちで企画財政課、町民生活課、産業振興課、教育委員会事

表3.18　森林・林業日本一の町づくり推進計画策定検討委員会名簿（2003年度）

岩手大学　教授	協同組合さんりくランバー　専務理事
大船渡地方振興局農林部林務課　主査	住田素材生産業協同組合
気仙地方森林組合　業務課長	住田観光開発株式会社　主任
気仙地方森林組合　総務課長	住田町企画財政課　企画係長
気仙地方森林組合　大船渡支所長	住田町企画財政課地区振興室　振興係長
気仙地方森林組合　青年部	住田町町民生活課　住民環境係長
住田住宅産業株式会社　代表取締役	住田町産業振興課　商工観光係長
けせんプレカット事業協働組合　専務理事	住田町教育委員会事務局　学校教育係長
三陸木材高次加工協同組合　専務理事	住田町教育委員会事務局　生涯学習係長

資料：住田町「森林・林業日本一のまちづくり」p.55 より

務局から6人の係長が委員会に加わっている（**表3.18**）。環境・観光・学校教育などが、森林・林業と切り離せないものとなっており、林業関係者だけでなく町全体で考えていかなければならない施策であるという考え方が現れているといえよう。

　2004年10月にはその計画書を町民向けに冊子にして公布したのだが、その構成は、町民に読んで理解してもらいやすくするため、これまでの役所型計画書ではなく、まず計画を示し、その後に計画の根拠となる現状と課題を示したものとなっている。また、読みやすいように活字を大きくし、絵を多用するなど、少しでも多くの町民に読んで理解してもらおうとの努力がみられる。

　計画の内容についてみる前に、住田町の森林・林業施策のあしどりをもう

表3.19　住田町森林・林業施策のあしどり

1978年	林業振興計画策定（20年計画）	
1982年	住田住宅産業株式会社設立	
1990年	第2次林業振興計画策定（10年計画）	
1993年	けせんプレカット事業協同組合設立	
1995年		
1999年	三陸木材高次加工協同組合設立	森林の科学館基本計画
2000年		FSC森林認証検討
2002年	協同組合さんりくランバー設立	木質ペレット製造
2004年	森林・林業日本一の町づくり計画策定（10年計画）	FSC森林認証取得

一度表 3.19 に整理しておこう。

これまでの第 1 次・第 2 次林振計画の基本方針は、「林業のあるべき姿の設定、林産物の生産・流通・加工を通ずる地域経済の発展的活動の実現」、そして「国産材時代実現に向けた木材の生産・加工・流通体制の整備、森林の多面的利用、林業の担い手対策」であった。「日本一の町づくり」計画では、基本的な目標として以下の 3 点を挙げている。

- 環境と調和しながら循環する森林・林業の実現＝住田型森林（もり）業システムの構築
- 「住田町」自身を、森林・林業のブランドとして発信
- 森林・林業日本一のまちづくりに対する町民の理解と協働

施策の取組み方向としては、以下のとおりである。

- 川上から川下までの林業振興～新たな取組みへの土台
  豊富な森林資源⇒森林整備・素材生産⇒木材加工・木材供給⇒住宅建設・木材利用
- 新たな展開の 3 本柱
  ①森林認証を通じた豊かな森づくり
  ②木質バイオマスによる森林エネルギーの循環
  ③交流の結び目となる「森林（もり）の科学館構想」

これを概要図に表すと、次の図 3.10 のようになる。

この施策から期待されることは、町内経済の活性化、雇用の創出、町の特色の明確化、町民の自信と誇りの醸成であり、そのために町民は、森林を守り、育て、イベントに参加し、木材を有効に利用するなど、自らの課題として協力・協働しなければならない。

「日本一の町づくり」計画の展開の 3 本柱とされたのは、森林認証と木質バイオマス、そして「森林（もり）の科学館」構想である。森林認証については第 3 節に示したとおりである。

「森林の科学館」については、1999 年基本構想を策定し、2001 年 3 月に

第3章　FSC森林認証を中心とした森林管理と地域の変貌　127

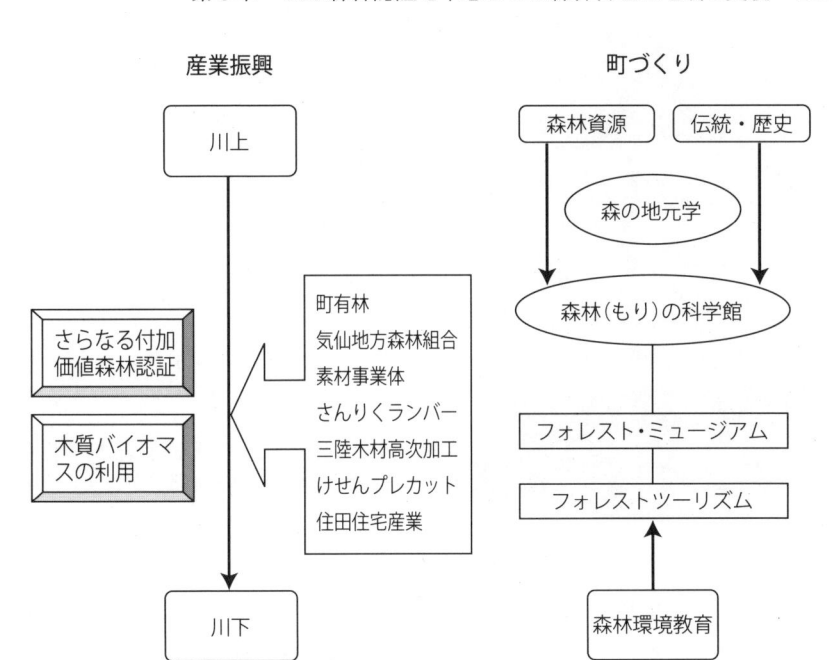

図3.10　「森林・林業日本一の町づくり」概要図
資料：「森林・林業日本一の町をめざして」より作成

さらに踏み込んだ「森林の科学館」基本計画を策定した。基本計画では、「森林の科学館」の性格を次のように整理している。

　①森林の営みを学び、体験する
　②森林と人間の暮らしについて学ぶ
　③森林の営みから人間の賢い生き方について学ぶ
　④エコミュージアム型配備
　⑤森林学習機能を重視する
　⑥森林科学の情報基地
　⑦利用しやすい科学館
　⑧新しいグリーン・ツーリズムへの期待
　⑨住民、ボランティア参加 (1)

具体的には、住田町の種山ヶ原430haを「森林の科学館」のコアサイトと

写真 3.4：住田町に立つ FSC 認証材で作られた「森林・林業日本一の町づくり」の看板

して整備し、環境教育やエコツーリズムの場として利用しようとするものである。そして、町内すべてをサテライトと位置づけ、地元学の実施を通じて町民自身の手で発掘した地域資源を活用するなど、町内「まるごとフォレスト・ミュージアム化」を目指している。すでに種山ヶ原では、「森の案内人養成講座」開催をはじめ、「森の幼稚園」や「校外学習」そして「種山散策」などの場として活用が始まっている。

木質バイオマスの検討については、1998 年の集中豪雨によって林内や土場に放置された残材が流出し、下流域に大きな被害がもたらされたことがきっかけとなっている。材価の低迷で荒廃する森林は災害発生の大きな要因になると改めて認識し、森林認証の検討や木質バイオマスの検討に向かうのである。2001 年に「木質エネルギー利用検討委員会」を立ち上げ、林地からの木質バイオマスの排出量や森林バイオマスの搬出方法とコストなどについて検討を行った。2002 年には、製材残材等を利用した木質ペレットの試験製造を行い、以降、役場や町立保育園、小中学校等公の施設に木質ペレットストーブの導入を進めている。

2 「森林・林業日本一の町づくり」推進事業

(1) 環境と経済の好循環のまちモデル事業を取得

みてきたように、森林認証を通じた森づくり、木質バイオマスによる森林エネルギー循環、森林の科学館構想の3本柱は、「日本一の町づくり」計画策定時にはすでに取り組みが始まっているものであった。町はこれらをもとに、2004年5月に中央環境審議会によってまとめられた「環境と経済の好循環ビジョン（以下、好循環ビジョン）」に基づく「環境と経済の好循環のまちモデル事業（以下、モデル事業）」に応募した。

この「好循環ビジョン」では、環境と経済の好循環への基盤を築くためには、「環境を大切に思う価値観と需要を創出する消費者」と「環境負荷を減らす商品等を開発する企業、環境保全活動に自ら取り組んでいく地域コミュニティ」が今後大きな役割を担っていく必要があるとしている(2)。住田町は、この考え方を背景とした「地域の創意工夫と幅広い活動主体の参加によって、二酸化炭素の排出量の削減等の環境保全効果と、雇用創出等の経済活性化を同時に実現する、環境保全をバネとした新しいまちづくりへの先駆的取組みを行なうとともに、さまざまな課題等の把握を目指している(3)」町と自認して応募し、選定されたのである③。

この環境省の施策の特徴は、全国からの公募により選定された地域に事業費が与えられることだけではなく、その予算を活用する主体として「地域の各主体が連携する協議体」が挙げられていることである。内容は、勉強会・セミナーの開催や事業効果の把握と評価というソフト事業である「地域エコ推進事業」と、二酸化炭素排出削減効果を有する具体的な町づくり事業を行う「地域温暖化を防ぐ地域エコ整備事業」である。3ヵ年計画で事業計画の策定、事業の実施、事業効果の把握と評価、事業成果の普及を進めるとしている。施策の効果として期待されるのは、「二酸化炭素排出量削減等を通じた

---

③ 2004年は、全国から大規模5地区、小規模6地区が選定されている。住田町は小規模地区である。

130　第3章　FSC森林認証を中心とした森林管理と地域の変貌

> **ペレット・ストーブ**
>
> 　岩手県では、CO_2 削減のため、木質バイオマスエネルギーである木質ペレットを使ったペレットストーブの普及促進を図っている。県民に対して、ペレットストーブを設置する際に、最高5万円の補助金を交付し、2005年度からはペレット購入割引クーポンを発行（ペレット10kg毎に100円引き）している。しかし、2006年末までの目標2092台に対しては、わずか968台の設置に留まった。
> 　住田町では、新エネルギービジョンの一環として、2003年から、けせんプレカット事業協同組合が、木工団地内の残材を原料とするホワイトペレットの生産を始め、木質バイオマスエネルギーの利用を促進してきた。町内のペレットストーブ導入は、2006年末で家庭用27台、事業所9台、保育園や小中学校など公共施設28台の計64台である。住田町では、2004年度から3年間、町民のストーブ購入費の4分の3を補助している。
> 　なお、ペレットの一般家庭で1日の必要量は、1袋15kg（567円）程度であり、ペレットストーブ1台で、ひと冬に約1.2トンの CO_2 削減効果があるという。
>
> いわて型家庭用ペレットストーブ（約24万円）

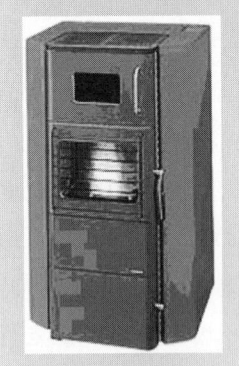

環境保全と雇用の創出等による地域経済の活性化を同時に実現していく環境保全をバネにしたまちおこしの成功事例を広く国の内外に示すことが可能となり、周辺市町村をはじめ他の地域へのモデル事業の成功例を模範とした事業の普及と拡大が図られ、住民等の幅広い意識の変革にも貢献する[4]」ことである。

（2）森林・林業日本一の町づくり推進協議会設置

　住田町は、モデル事業に定められているように、2005年6月に「森林・林業日本一の町づくり推進協議会（以下、協議会）」を設立した。協議会会員は、表3.20のとおりである。林業関係者のほかに、環境関係者が多く加わり、

表 3.20　森林・林業日本一の町づくり推進協議会会員

区　分	所　属
住田町	町長
学識経験者	岩手大学農学部教授
林業関係者	気仙地方森林組合代表理事組合長
〃	協同組合さんりくランバー専務理事
〃	けせんプレカット事業協同組合専務理事
〃	三陸木材高次加工協同組合専務理事
〃	住田住宅産業株式会社代表取締役社長
〃	住田素材生産業協同組合組合長理事
環境関係者	岩手植物の会理事
〃	岩手県鳥獣保護員
〃	岩手県鳥獣保護員
〃	住田町林野保護員
〃	住田町文化財調査委員
〃	元ごみ不法投棄監視員
〃	気仙川をきれいにする会会長
〃	気仙川漁業協同組合事務局長
消費者	岩手生協住田コープ理事
〃	住田町婦人団体連絡協議会副会長
一般	町民男性
〃	町民女性

資料：住田町資料より

消費者団体の代表 2 人と公募の一般町民 2 人が名を連ねている。

　事務局は、町から企画財政課と森林施策推進室から 3 名ずつが担当することになった。

　国の補助金・交付金による事業を地域の各主体が連携する協議会が行うことは、住田町としては初めてのことであり、会員である林業・環境外関係者、一般町民はもとより、住田町職員にも大きな戸惑いがあった。このような多方面の地域住民からなる協議会であるから、会員の互選で選出される会長には、本来であるなら地域団体や一般町民から選ばれるのが望ましいと思えるが、住田町長が選ばれたことも仕方のないことであろう。

（3）森林・林業日本一の町づくり推進協議会の役割

　モデル事業は、協議会の行う委託事業と、町その他が行う交付金事業に分

表 3.21　2006 年度環境と経済の好循環のまちモデル事業計画

委託事業	協議会の運営	事業主体：森林・林業日本一の町づくり推進協議会 事業費　：400 千円 事業内容：住民や事業者等で構成する森林・林業日本一の町づくり推進協議会を設置し、事業内容を検討するとともに、その推進を図る
	普及事業の実施	事業主体：森林・林業日本一の町づくり推進協議会 事業費　：2,000 千円 事業内容：講演会やフォーラム等の開催、施設の説明看板の設置など。 　　　　　木質ペレットストーブの普及を推進するため、ストーブの利用体験発表やストーブの展示などを含めたフォーラムの開催。 　　　　　森林・林業体験教室、森の地元学の開催や森林インストラクター養成講座の開設などにより、森林・環境学習を推進する。
	効果の測定・評価の結果の作成	事業主体：森林・林業日本一の町づくり推進協議会 事業費　：1,000 千円 事業内容：事業効果の測定・評価の結果について、報告書を作成する
交付金事業	木質ペレットボイラー導入	事業規模：250,000kcal/h　1 基 事業費　：24,000 千円 資金内訳：交付金 15,500 千円、町 8,500 千円 事業主体：住田町 事業概要：森林体験交流センターに木質ペレットボイラー導入に補助するもの（灯油ボイラーの切り替え）
	木質ペレットストーブ普及事業	事業規模：20 台 事業費：5,000 千円 資金内訳：交付金 (2/3)3,320 千円、町 (1/12)420 千円、事業主体 (1/4)1,260 千円 事業主体：町民・事業所 事業概要：町民や事業所の木質ペレットストーブの購入に対して補助するもの

資料：住田町「住田町森林・林業日本一の町づくり」推進事業計画より作成

かれている。3 年間で行う事業のうち、委託事業は、「協議会の運営」、「事業計画の策定」、「普及事業の実施」、「効果の測定・評価の作成」である。交付金事業は、三陸木材高次加工協同組合が行う「木屑焚きボイラー整備事業」、町が行う「発電施設整備事業」、「園芸ハウス実証導入事業」、「木質ペレットボイラー導入」と、町民・事業体が行う「木質ペレットストーブ普及事業」となっている。

表3.21に示したのは、最終年度である2006年度の事業計画である。

ここで、協議会の行う事業についてみていこう。

「協議会の運営」については、「住田町森林・林業日本一のまちづくり推進協議会規約」に基づいて運営される。規約には、役員として会長・副会長のほか、監事2名とオブザーバー若干名を置くこととしている。この会員から選出された監事2名は、事業年度終了後に会長から提出された事業報告書等を監査し、監査報告書を作成し会長に報告する。会長はそれを協議会総会に提出し承認を得なければならない(5)。それらの書類は、モデル事業実施要綱に定めるように、環境省総合環境政策局長に提出することになっている。

「普及事業の実施」については、前出の表にあるように、講演会やフォーラムの開催、森林・環境学習の推進などであるが、これをすでに行った2005年度の事業で具体的にみると、森林環境教育の専門家を招いての森林・林業日本一の町づくりフォーラムの開催、森林認証審査機関と認証取得林業家を招いての2度にわたるFSC森林認証公開講座の開催、森林・林業体験教室の開催、森の案内人講座の開催という5つの事業を行っている。他に、普及啓蒙のための木質バイオマス普及パンフレットやFSC森林認証パンフレット、パネルの作成等5つの事業も実施した(**表3.22**)。

注目すべきは「効果の測定・評価の結果の作成」の事業であろう。

2002年4月から施行されている「行政機関政策評価法」により、環境省は「環境省政策評価基本計画[4]」を策定した。その基本計画には、環境省が政策評価を実施する際に留意する基本事項として、

①必要性、効率性または有効性の観点その他当該政策の特性に応じて必要な観点から自ら評価を行うこと。

②政策のマネジメントサイクルを行政に組み込み、期待どおりの成果をあげていないものがあれば、新たな政策の企画立案段階に反映させていくことによって、成果を重視した改善を行うこと。

---

④　2002年4月から5ヵ年計画で施行されたが、2006年4月に見直されて現在は2006年から2011年までの5ヵ年計画となっている。

表 3.22　2005 年度実施の普及事業内容

森林・林業日本一の町づくりフォーラム 　森林・環境教育専門家の講演・パネルディスカッション・参加者アンケート（141 名）
第 1 回 FSC 森林認証公開講座 　FSC 森林認証機関審査員の講演、参加者アンケート
第 2 回 FSC 森林認証公開講座 　FSC 森林認証取得林業家の講演、参加者アンケート
森林・林業体験教室 　保育園 6 回、小学校 4 回、一般 4 回、指導者研修 1 回（参加者延べ 779 名）
森の案内人講座 　10 回開催
木質バイオマス普及パンフレット作成
FSC 森林認証パンフレット作成
FSC 認証材展示用パネル作成
種山ヶ原森林公園ガイドマップ増刷
木質バイオマス施設等説明パネルの作成

資料：住田町「平成 17 年度森林・林業日本一の町づくり推進事業報告について」より作成

　③政策評価の実施を通じて政策意図とその結果を国民に対してわかりやすく説明し、説明責任を果たすこと[6]。

を挙げている。政策評価の観点に関しては、環境行政は、規制や補助金、経済的手法などさまざまな手法を組み合わせて行っていることから、それぞれの政策の特性に応じて、必要性、効率性および有効性の観点から評価を行うこととしている。評価対象は、「環境省政策体系」で規定されている「評価対象施策」を対象に評価を実施するものである。

　モデル事業は、「環境省政策体系」に位置づけられている事業ではないため上記の評価手法が直接求められるものではないが、評価の実施は求められている。したがって、「効果の測定・評価の結果の作成」を協議会が担うわけであるが、それは困難である。町にとっても初めてのことであり、町担当職員は、政策評価分野の専門家を招いて手法の検討など研究会を 2 度行っている。当然、町民で組織する協議会は、評価手法によって自ら測定・評価できるはずはなく、政策評価を専門とする機関に再委託することになる。

　2006 年 4 月改正の「環境省政策評価基本計画」の「5．政策効果の把握

に関する事項」には、「政策に基づく具体的活動の実施体制が行政機関以外であり、政策効果の把握のために必要となる場合にあっては、当該実施主体に対し、把握しようとする政策効果やその把握のための方法等について示すなどにより、できる限りその理解と協力を得るように務め、適切に政策効果の把握を行うものとする (7)」とある。これから、国の政策を受け止める主体となるには、行政機関以外でも、政策評価の方法を身につけていかなくてはならないであろう。しかし、上述の基本計画の「11．その他政策評価の実施に関する重要事項」の「（4）評価制度等の継続的改善」には以下のようにも書かれている。「政策評価はまだ完成されたものはなく、試行錯誤を重ねている状況である。したがって、環境省においても、環境行政に最も適した政策評価システムの確立を究極的な目標として、常に制度の見直しを行い、改善を図る努力を継続し、本基本計画についても必要に応じて見直しを行うこととする (8)」。政策評価は、省庁においてもまだ試行錯誤段階なのである。

とはいえ、モデル事業の評価にあたっては、環境省から「『環境と経済の好循環のまちモデル事業』の評価手法に関する基本的ガイドライン」が示されている。そこでも、可能な範囲で、独自の測定・評価の手法を定め、実施することを妨げないとされており、住田町では、ガイドラインをもととした評価手法の策定を行い、それによって、再委託された政策評価機関が評価を行うこととなった。

評価を行った政策評価機関は、地域の基礎データ、事業の概要、測定結果（環境保全効果、経済活性化効果、その他の効果）を協議会に示し、総合評価を行う。協議会では、その測定結果を検討し承認することとなる。しかし、専門的に数量化され評価された内容を吟味するのは極めて難しく、評価機関の評価をそのまま受け入れるしかないのが現状である。協議会は、2006年3月、中間年度である2005年度の評価結果の説明を委託先である政策評価機関から受け、それを承認した。

今後、環境や森林に関する政策については、必ずステイクホルダーである地域住民の参加が求められることから、その政策が地域の理解を得、地域に

定着するためには、地域住民の計画・実行・評価への積極的な参加とそのレベルの向上のためのステップを準備することにより、地域住民が学びながら成長できるような方策が必要であろう。そのためには、地方自治体の住民参加に対する意識の向上が求められる。住田町についていえば、せっかく作った協議会を、事業終了後も行政と町民の協働や意見の調整の組織として活用し、双方の意識向上や経験を重ねる場とすることも必要なのではないであろうか。

さらには、まず政策をつくる国が、最初から行政機関以外に高度な評価などを規定するのではなく、一般的良識や庶民感覚で評価・判断できるものから段階を踏んでいける方策を準備することが、新たな政策の実現のためには必要なのではないであろうか。

引用文献

（1） 住田町「森林（もり）の科学館」基本計画、2001年3月、p.2-4
（2） 住田町、平成16年度「環境と経済の好循環のまちモデル事業」報告書、2005年、p.7
（3） 前掲書（2）に同じ．
（4） 環境省HP　http://www.env.go.jp/guide/budget/h17/h17-gaiyo/34.pdf　より。
（5） 住田町森林・林業日本一の町づくり推進協議会規約　第7条、第29条。
（6） 前掲書（2）、p.61-62
（7） 環境省HP「環境省政策評価基本計画」より。
（8） 前掲11に同じ。

第5節　自治体の対応とFSC森林認証制度

　この章では、住田町の林業振興計画から森林・林業日本一の町づくり計画までを追い、世界が環境重視の政策へとシフトする潮流に伴い、また国の政策が林業から環境へと変わるにつれ、地方の町そして地域住民がそれにどう対処してきたかをみてきた。

　住田町は、国や県等中央の市場から遠く位置し、耕地面積が極めて狭く、基幹産業である林産業の低迷から人口の流出が止まらないなど、多くの問題を抱えてきた。その地域課題に対処するために導入してきたのが、国の政策的諸事業である。農林業関係の各種地域指定を受けながら、積極的に政策的諸事業を導入し、それらが町独自の農林業振興計画や町づくり運動への土壌を成してきたといえる。現在、町は、過疎地域活性化特別措置法、農村地域工業等導入促進法、山村振興法、特定農山村地域活性化法の指定団体となっている。**表3.23**は、2004年までに町が受けた林業関連の主な補助事業である。ここにみるように、地域の森林整備、川上から川下までの事業体の整備や各種施設など、地域振興のために積極的に補助事業を導入し利用してきたことがわかる。

　しかし、ただ補助金の受け皿となっていたわけではない。国の補助事業を導入する前提としては、地域林業の現状分析と事業計画の作成作業が必要である。それは同時に、地域における問題点を構造的に把握することになり、その事業によってどの問題が解決され、残された課題は何かということを明らかにすることができることでもある。住田町では、国からのトップダウンの政策であっても、それを積極的に受け入れて、地域振興方策における各段階においての問題の洗い出しやその解決のために大いに利用してきたというのが特徴であるといえよう。

　それは、第4節の森林・林業日本一の町づくりでみてきた「環境と経済の好循環のまちモデル事業」にもよく表れているといえる。

表 3.23 主な林業関連補助事業—地域振興のため積極的に補助事業を導入

実施年度	事業名	事業費 (千円)
1968～74	第1次林業構造改善事業	118,385
1969～72	振興山村農林漁業特別開発事業	72,209
1975～78	山村地域農林漁業特別対策事業	331,407
1976～79	第2次林業構造改善事業	260,775
1982～87	新林業構造改善事業（山村林構）	658,000
1991	林業生産施設設備事業	6,695
1993～94	産地形成型林業構造改善事業（国産材加工施設整備事業）	620,240
1994	林業生産施設設備事業	7,421
1995	間伐促進対策事業	3,090
1996	間伐促進対策事業	8,500
1996	間伐促進対策事業	7,420
1998	間伐材利用技術開発促進事業	144,547
1998～2001	経営基盤強化林業構造改善事業（木材供給圏確立形林業構造改善事業）	1,514,314
2000	木材供給圏確立型林業構造改善事業	227,037
2001	地域林業確立林業構造改善事業	611,374
2002～03	地域林業確立林業構造改善事業	560,616
2003	地域材利用促進対策事業（木質バイオマスエネルギー利用促進事業）	81,936
2004～06	環境と経済の好循環のまちモデル事業	191,835

資料：住田町産業振興課資料より作成

　住田町がそれ以前に導入してきたのは、林業関連の補助事業であった。しかし、すでにみてきたように、国の政策が環境重視へとシフトすると同時に、森林を林業のみではなく、地域全体の環境・社会・経済の持続性をまもるものとして活用する方向へ動いてきた。FSC森林認証の取得は、その大きな表れである。森林と林業をともに考える基盤があったからこそ、環境省が公募したモデル事業にいちはやく応募することができ、選定されたのである。

　環境省の交付金獲得へと向かったのには、それができる基盤があったことのほかに、林業関連の補助金が減少していることも原因である。**表 3.24** は、1995年、2000年、2005年の町の歳出総額に占める林業費の割合をみたも

表3.24 住田町財政状況―林業費が大きく減った

年　度	歳出総額（千円）	林業費（千円）	林業費比率	国庫支出金＋県支出金（千円）
1995	5,308,050	730,789	13.8%	337,149+1,023,440=1,360,589
2000	5,101,546	427,026	8.4%	473,874+618,538=1,092,412
2005	3,915,306	141,815	3.6%	113,207+425,679=538,886

資料：住田町各年度決算カードより作成

のである。この10年で、林業費が大きく減っていることがわかる。歳入をみると、国と県の支出金が年々大きな減少をみせているが、交付金への移行を考慮したとしても、それらと連動しつつ、林業費はさらに大きな割合で減少しているのである。

　ここから予測できることは、当面市町村合併をせず地域の自立をめざす住田町では、今後も、減少しつつある林業への補助金のみならず、環境配慮への交付金も積極的に取り込み、地域振興に利用していくであろうということである。そして、そのためには、FSC森林認証の取得というのは、主体的地域づくりのツールとなりうると思われる。

　FSC森林認証制度は、地域の自然や生態系を重視しながら、さらに社会・文化・生産の持続性を第三者機関が世界基準で評価するものである。環境の保全だけではなく、森林の投資に見合う産出のバランスや労働者の権利なども厳しくチェックされる。また、昔からの慣習や伝統的権利を尊重するなど、地域社会との関係も良好でなくてはならない。つまり、森林・林業にかかわる人々だけでなく、地域住民全員がこの制度にかかわってくるのである。

　住田町では、まだ残念ながら森林認証の考え方が地域住民に深く浸透しているとはいえない。行政が主導して新たな政策に対応する手法は長年の経験で培ってきたが、地域住民の参加や理解を得る方策はできていないのである。また、認証取得主体つまり森林組合のこの制度活用についての動きが鈍く、認証材がなかなか流れないという実態や、せっかく苦労して策定したモニタリングについても、モニタリングを行うことがせいいっぱいで、地域の人々と共に結果を評価・分析し、次年度に反映させるというシステムはなおでき

ていない。認証取得前の森林認証推進委員会は、役場、森林組合、林業関係者そして学識経験者で構成されていたが、認証取得後、それを森林認証グループが行ったモニタリングをさらに評価する機関として残すという案が当初出された。そこにボランティアの住民の参加も得て地域全体で森林管理を見守り評価して住民の意見を反映させるという形、すなわち中間組織・調整組織の形ができれば理想的であるが、前述のようにまだモニタリングを行うことでせいいっぱいで、第三者による評価を行うまでに至っていない。前節で述べたように、環境省のモデル事業のため構成された町づくり推進協議会には、行政や林業関係者とともに環境関係者や消費者団体、公募の町民も含まれていることから、これはそのまま政策的中間組織となり得る。森林認証においても応用が可能であろう。多くの町民がこのような組織の中で経験を積んで、自分たちが管理計画を作ることや、実行や評価を行って、町や県そして国の政策をも動かし得ることを知ることが大切であるし、行政も、主導ではなく協働を学ぶことが必要であろう。これらは、住田町だけではなく、林業から環境への転換を迫られた現在の日本そして世界各国の問題でもある。

　課題はまだまだ山積みしているが、第3節でみてきたように、地域の意識は徐々に変化しつつある。消費者や地域住民などからの声が大きくなれば森林組合や町だけでなく、県や国の対応も変わらざるを得ないであろう。森林認証の理念が今後広く地域に浸透すれば、環境に関する補助金・交付金への地域からの積極的なアプローチが可能になるばかりでなく、ボトムアップの政策要求のツールとなることは間違いない。

第 **4** 章

森林環境税の形成と住民参加
―「いわての森林づくり県民税」
　検討委員会の分析を中心に―

　近年、多くの県が森林環境税の検討・実施を行うに至った背景には、地方分権による権限委譲と財政のスリム化があるが、それ以上に、地方の現場において森林荒廃の状況が待ったなしであることも影響している。
　地域での新たなコスト負担としての森林環境税の策定には、ステイクホルダーである地域住民の積極的な理解や参加が求められており、そのための方法論や必要な装置を見つけ出すことが必要である。
　この章では、岩手県における「いわての森林づくり県民税」の形成過程を追うことで、県レベルでの新たな森林政策の策定や定着と、地域住民の参加のあり方についてみていく。そこでは、検討を任された検討委員会が県民に参加を働きかけるのだが、なかなか関心を示さない県民の姿と、検討委員会が取りまとめ提出した案が、県の成案となる過程で大きく変更されてしまうという実態が現れている。

第1節　各県が森林環境税導入へ

1　本章の課題

　2000年の地方分権一括法の成立を契機に、与えられた権限の拡大と財政スリム化の必要性から、**表4.1**にみるとおり、高知県での2003年導入を初めとして多くの県において森林環境税の検討・導入が行われている。
　この章では、岩手県の「いわての森林づくり県民税」の形成過程を事例に、以下の課題に迫る。まず、この過程が地方自治体における政策形成の一環となっていることから、新税導入とそれに伴う施策を、どのような対象を想定し、いかなる手法・考え方をもって形成しようとしたのか。そして、県民の意向を反映する検討委員会による検討方式がとられていることから、その検討委員会での議論を追求・分析することで、県民参加型の現段階の重要な一面を捉えることである。全体の内容をできるだけ把握し、県民参加の性格と検討委員会の政策実現における役割・機能を明らかにし、森林管理に関する地方レベルの施策形成についての、今後の研究課題を整理するとともに、その定着にあたっての課題についても整理する。

2　森林環境税についての諸研究

　森林環境税への注目度は高く、数多くの研究がなされているが、ここでは林業経済学分野に絞り、地方自治体における新たな森林管理方策としての森林環境税研究、さらに、森林管理政策の策定過程における住民参加についてみていく。
　古川は、2003年に全国に先駆けて森林環境税を施行した高知県を例に、その成立と展開過程での住民参加について、岡山県と鳥取県との比較によって検討している。これら3県での住民参加は、「アンケート等の行政側の意見聴取という形で行われ」、「住民の意識は高いことが明らかになることで新税

表 4.1　森林環境税の導入状況—多くの県が実施している

（2007 年 1 月現在）

都道府県	名称	開始時期	税額
岩手県	いわての森林づくり県民税	2006 年 4 月（5 年間）	個人 1000 円　法人 10%
山形県	やまがた緑環境税	2007 年 4 月（5 年間）	個人 1000 円　法人 10%
福島県	森林環境税	2006 年 4 月（5 年間）	個人 1000 円　法人 10%
富山県	水と緑の森づくり税	2007 年 4 月（5 年間）	個人 500 円　法人 5%
石川県	いしかわ森林環境税	2007 年 4 月（5 年間）	個人 500 円　法人 5%
神奈川県	かながわ水源環境保全・再生するための県税	2007 年 4 月（5 年間）	個人 300 円　＋所得割
静岡県	森林づくり県民税	2006 年 4 月（5 年間）	個人 400 円　法人 5%
滋賀県	琵琶湖森林づくり県民税	2006 年 4 月（5 年間）	個人 800 円　法人 11%
兵庫県	県民緑税	2006 年 4 月（5 年間）	個人 800 円　法人 10%
奈良県	森林環境税	2006 年 4 月（5 年間）	個人 500 円　法人 5%
和歌山県	紀の国森づくり税	2007 年 4 月（5 年間）	個人 500 円　法人 5%
鳥取県	森林環境保全税	2005 年 4 月（3 年間）	個人 300 円　法人 3%
島根県	水と緑の森づくり税	2005 年 4 月（5 年間）	個人 500 円　法人 5%
岡山県	おかやま森づくり県民税	2004 年 4 月（5 年間）	個人 500 円　法人 5%
広島県	ひろしまの森づくり県民税	2007 年 4 月（5 年間）	個人 500 円　法人 5%
山口県	やまぐち森林づくり県民税	2005 年 4 月（5 年間）	個人 500 円　法人 5%
愛媛県	森林環境税	2005 年 4 月（5 年間）	個人 500 円　法人 5%
高知県	森林環境税	2003 年 4 月（5 年間）	個人 500 円 法人 500 円
長崎県	ながさき森林環境税	2007 年 4 月（5 年間）	個人 500 円　法人 5%
熊本県	水とみどりの森づくり税	2005 年 4 月（5 年間）	個人 500 円　法人 5%
大分県	森林環境税	2006 年 4 月（5 年間）	個人 500 円　法人 5%
宮崎県	森林環境税	2006 年 4 月（5 年間）	個人 500 円　法人 5%
鹿児島県	森林環境税	2005 年 4 月（5 年間）	個人 500 円　法人 5%

資料：各県 HP より作成

推進の力となった」という。また、これからの地方林政は、「林業関係者よりも住民に林業・森林政策の必要性を理解してもらうことが必要」であり、そのためには「行政もふくめた林業関係者は住民、市民を説得する相手としてではなく、ともに考えるパートナーとして受け入れることが必要である」とする[1]。

　石崎は、神奈川県の水源税形成過程の分析において、「県民参加の推進が強調されており、費用負担や森林整備作業のボランティア活動に止まらない

第4章　森林環境税の形成と住民参加　145

幅広い県民参加による施策展開が構想されている」ことを示し、神奈川県林政は「1980年前後から森林に関心のある市民等による参加、検討がなされる段階へ移ったが、2000年代に入って新たな税負担という極めてインパクトの強い論点が提示されることにより、森林そのものへの興味の有無に関わらず幅広い県民を含めた議論のうえに施策が展開する新たな局面を迎えている」と整理した (2)。

一方、高橋は、「財政の悪化とそこから派生する課税への要求が新税導入検討の主要な要因であった」という仮説をたて、古川や、森林環境税の導入過程には「税務サイド主導の色彩が強く現れて」いるとした竹本 (3) の先行研究にも共通するとして、議会・住民の意向は「政策課題の設定という場面では影響がない」という結論を導き出している (4)。

立花は、導入済みを含む「39都道府県のうち過半の県において関係職員以外の構成員により検討」が行われていると整理し、新たな地方林政の立案プロセスについて評価する (5)。

導入済みまたは検討中の多くの県が、外部委員会やアンケート調査などの形で住民の意思を確認し、意見を聴取しつつ新税をつくり上げてきていることについては、多くの研究者が評価している。古川は、高知県森林環境税について、その成立過程を克明に追っている。しかし、そこで設置された「高知の森づくり推進委員会」の新税制検討部会が具体的にどのような議論をし、それがどう活かされたのかの分析はない。今後の新しい施策の形成には、住民参加の外部委員会の設置が必須と考えられることから、そこでの議論内容を克明に分析し、外部委員会が県と住民の間にあって、どのような機能を果たす必要があるのかを明らかにすることが重要であろう。

森林管理やその政策策定過程における住民参加については、柿澤が、アメリカ国有林における市民参加の問題を例に、それにかかわる人々の「苦悩」を描いている。そこにおいて、「日本において最大の弱点」であり、最も必要なことは、「科学的な根拠をもったデータを集めオープンにすること、問題を共有し将来の方向性を見据えるために誰もが参加できる議論の場を設けるこ

と」であり、「こうした当たり前のことを手を抜かずにやること」であるという(6)。

また、山本は、参加をする住民や市民側の課題に関して、「新しい森林管理システム構築のための合意形成に関与する市民セクターには、森林・林業についての知識を備え、都市と農山村地域との連携を強く意識した『利害関係者』たることが求められ」、そのためには、「森林ボランティア」活動による経験が大きな役割を果たすと分析する(7)。

地方における政策立案からその実現に至る過程で、住民はどのような形で参加をするのが望ましいのかについての詳細な事実整理とその参加レベルの確認は、今後の地方林政の地方における定着のためにも重要な課題である。

3　本章での研究方法

ここでの研究方法としては、筆者自らが説明会やシンポジウム等に出向いて県民の反応を直接に聞くことを第1とした。検討委員会の行ったシンポジウム、県内13ヵ所での県の「素案」についての地域説明会や林業関係者への出前説明会等へ出席し、議論の内容を詳細に聞き取り記録した。

また、県のホームページに公開されている「いわての森林づくり検討委員会」の13回にわたる委員会議事録内容や、県民アンケート結果、パブリック・コメント内容の克明な分析を行った。さらに、最終的には県の責任において多くの変更を加えた実施案である「いわての森林づくり県民税」について、いわての森林づくり検討委員会委員14人への郵送によるアンケート調査も行った。

これら自らの傍聴による記録と、公開されている議事録等に表れる議論や県の検討の過程とを突合わせながら、森林づくり県民税の検討段階から成立までを時系列で追い、そこに表出する問題点に迫る。

4　岩手県の森林・林業、林政の特徴

対象地である岩手県の森林・林業について、簡単にみておこう。岩手県の

森林は約118万haであり、県の面積の約77％にあたる。その森林面積のうちの34％を国有林が占める。国有林の多くは奥羽山系側に片寄り、北上山系側では民有林が多い。さらに、この北上山系の民有林の形成・利用の歴史には県北・県央・県南それぞれに特徴がみられる。

まず県北は、北上山系地域の中では森林率が低く、農地、特に牧野が多い。民有林のなかでは私有林の比率が高く、大規模所有そして県行・公社造林地帯といえる。樹種別ではアカマツなどの針葉樹と広葉樹の面積がほぼ半々となっている。

県南地域は、民有林地帯であるとともに、市町村有林地帯である。北上山系の中では早くから人工林化が進み、そのほかの商品経済化も進んだ地域といえる。樹種はおよそ75％がスギを中心とした針葉樹である。

県央は、森林率が9割を超える地域で、国有林がその3割以上を占め、県・市町村有林も多い地域である。地域の産業そのものが森林に依存してきた地域といえる。民有林の樹種としては広葉樹が6割を占めている。

県内民有林の人工林面積34万haのうち、現在間伐の必要な4～9齢級の森林面積が25万ha（人工林面積の74％）となっており、木材価格の低迷とともに間伐の遅れた森林が放置されたままになっている。また、不在村者保有の山林面積が、私有林全体の7％（1970年）から11％（2000年）へと増加してきており、その不在村者の森林組合加入率が5割以下（45％、2000年）であることから、手入れのされない森林の整備が大きな課題となっている。

岩手県林政の特徴は、日本林政の主要な課題をほぼ受け止めた展開をしてきたところにある。それを県林業財政の展開構造の点からみると、日本の林業財政の最大の特徴である造林・治山・林道のいわゆるかつての3公共事業が財政上の多くを占めてきた。1975年以降は地方財政危機の影響を大きく受け、国庫支出金（補助金）や政策的事業が目立つという展開を示し、その限りで地方林政における自主性は制約され、地方林政の進展が求められながらも、国家的要請の枠組みを脱し切れてはいない、といえよう[8]。

引用文献

（1） 古川泰「地方自治体による新たな林政の取組みと住民参加－高知県森林環境税と梼原町環境型森林・林業振興策を事例に－」『林業経済研究』Vol.50 No.1、2004年、p.39-52

（2） 石崎涼子「都道府県による施策形成と森林管理－神奈川県と三重県を事例として－」『林業経済研究』Vol.50 No.1、2004年、p.27-38

（3） 竹本豊「『森林環境税』の導入過程の分析－高知県の事例－」林業経済学会秋季大会、2003年

（4） 高橋卓也「地方森林税はどのようにして政策課題となるのか－都道府県の対応に関する政治経済的分析」『林業経済研究』Vol.51 No.3, 2005年、p.19-28

（5） 立花敏「森林環境税の導入状況と課題」『木材情報』2005年7月号、日本木材総合情報センター、2005年、p.4-7

（6） 柿澤宏昭『エコシステムマネジメント』、築地書館、2000年、p.193

（7） 山本信次「森林保全と市民セクター形成－森林ボランティアの可能性－」山本信次編著『森林ボランティア論』、J-FIC、2003年、p.309-326

（8） 岡田秀二「東北後発造林地域における林政と林業財政＝岩手県」船越昭治編著『地方林政と林業財政』、農林統計協会、1987年、p.121-147

第2節　住民参加による新たな政策実現へ

1　県による「森林づくり新税」の実現に向けた動き

　2001年9月の北海道・北東北知事サミットにおいて、「人と自然が共生する循環型の地域社会を形成するため、森や川、海などにかかわる環境の保全等に関する条例を各道県の特性に応じ整備するよう取り組む。また、その目的達成のために必要な諸施策の財源確保等の見地から新税の創設が考えられないかどうか、その可能性について共同研究する」[1]ことが合意された。北海道と北東北3県は、この知事の要請を受け「北海道・北東北自然循環型税制研究協議会」を設立し、共同研究を行うこととなった。

　岩手県では、「協議会」の中間報告、そして知事選挙に向けたマニフェストでの明記という経過を経て、2003年10月に、2003～2006年の重点的取り組みである「誇れる岩手40の政策」のひとつに「本県の豊かな森林を県民とともに守り育てる施策などを推進するために必要な新税等…」として、新たな税制度の創設をうたった[2]。また、同年策定された「岩手県行財政構造改革プログラム」においても、2006年をめどに「自立した地域社会の形成に向けて」取り組むために新税等の導入を明記した[3]。

　新税を用いた新しい森林施策の導入という、これまでになかった施策ベクトルが、知事マニフェストと行政改革という知事の強い指導力の中で動きはじめていることを確認することができる。知事マニフェストが行政主導というベクトルではなく、後述のように、検討委員会を通じ、県民参加の地方施策づくりという新たな扉を押す役割を果たすことになったという点は、みておく必要があろう。

　上記のような森林の現況と県の林政・財政事情のもとで、岩手県では、**図4.1**

---

[1]　県は、2003年11月には総務部税務課主催の「自然循環型税制研究会」を開催し、「地方環境税」についての勉強を開始している。

150　第4章　森林環境税の形成と住民参加

```
岩手県　　40の政策(2003～2006)
　　　　　行財政構造改革プログラム(2003～2006)
　　　　　いわて地球環境の森づくりビジョン(2004)
```

［いわての森林づくりプロジェクトチーム］

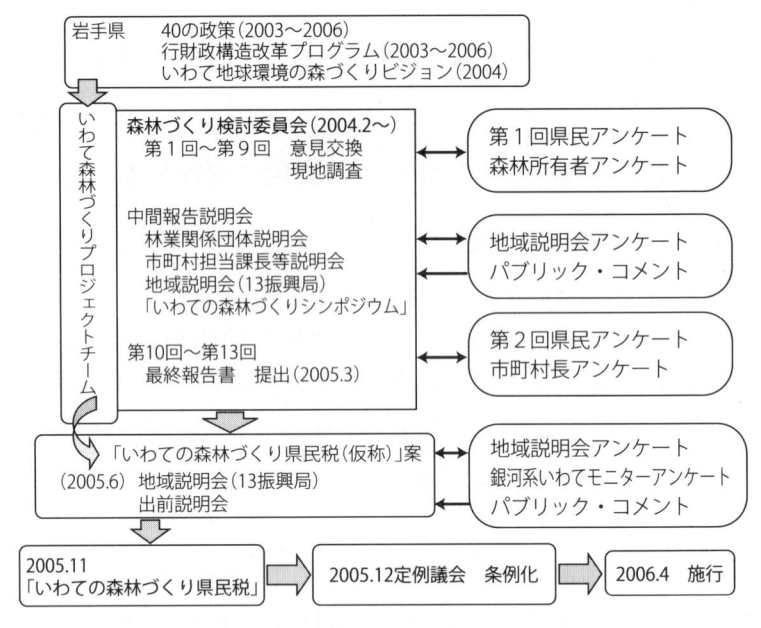

- 森林づくり検討委員会(2004.2～)
  - 第1回～第9回　意見交換　現地調査 ⇔ 第1回県民アンケート／森林所有者アンケート
  - 中間報告説明会
    - 林業関係団体説明会
    - 市町村担当課長等説明会
    - 地域説明会(13振興局)
    - 「いわての森林づくりシンポジウム」⇔ 地域説明会アンケート／パブリック・コメント
  - 第10回～第13回
    - 最終報告書　提出(2005.3) ⇔ 第2回県民アンケート／市町村長アンケート

「いわての森林づくり県民税(仮称)」案
(2005.6)　地域説明会(13振興局)
出前説明会 ⇔ 地域説明会アンケート／銀河系いわてモニターアンケート／パブリック・コメント

2005.11「いわての森林づくり県民税」→ 2005.12定例議会　条例化 → 2006.4　施行

図4.1　「いわての森林づくり県民税」策定過程
資料：岩手県資料より作成

に整理するような展開によって新税の歩みを始めることとなった[1]。

　2004年2月、県は、行政部局に「いわての森づくりプロジェクト・チーム(以下、チーム)」を設置した。その目的は、「森林の公益的機能の維持・増進を図ることを目的として、森林環境保全のための新たな方策とその財源となる新税等の検討」をすることにあった[4]。

　設置されたチームの特徴は、総合政策室、環境生活部、農林水産部、県土整備部、総務部から部局の枠を越えて選ばれた19名[2]で構成されたことである。これだけの部局横断的対応は、林政施策づくりにおいてはもちろん初めてのことであった。そして、大きな方針がその中から登場した。外部委員会の設置を決め、その委員会によって県民意見の集約や新税への検討を行い、

---

[2]　2005年度は教育委員会事務局が加わり21名であった。

2　検討委員会の始動

　2004年2月、学識経験者、市町村長、各産業関係者や税理士などを含む県民14名[3]で構成される「いわての森林づくり検討委員会（以下、検討委員会）」が設置された。

　県が示した検討委員会の役割は、「岩手県の森林は、木材価格の低迷等による生産活動の停滞で、公益的機能の維持が難しくなっている。一方、県民の森林への公益的機能への要請は、多様化・高度化してきている。広く県民の理解と参画を求め、豊かな森林を維持・増進することを目的とした、新たな方策と財源のあり方を検討する[5]」ことであった。

　その具体的課題は、①環境保全を目的とする森林整備方策、②県民理解の促進方策、③財源、の3つであり、県が示した検討スケジュールは、2004年9月に最終報告を行い、2005年4月からの実施を目指すというものであった[6]。

　公表されている検討委員会議事録[7]によると、県は当然、各課題についてさらに踏み込んだ具体像を持っており、そのことから、上記のスケジュール案で結論を得ることができるものとの見方をしていた。しかし、県と各委員の間では、これらの課題についての認識のレベルが違い、また、委員会の最終取りまとめに対するイメージにも温度差があったといえよう。県が検討委員会への検討課題とした「財源」は、すなわち「税制度」を意味していたのである。しかし、検討委員会は、県のいう「受益と負担の原則」について

表4.2　いわての森林づくり検討委員会の構成

学識経験者（大学教授・助教授）3名、市町村長2名、税理士1名、林業関係（林業会社・森林NPO）2名、農業関係1名、漁業関係1名、商業関係1名、マスコミ関係1名、エッセイスト1名、食品問題研究家1名 （男11名、女3名）

---

③　いわての森林づくり検討委員会委員の一般公募は行われていない。

「森林の発揮する公益的機能というのが、一般県民にとって、等しく本当に受益となっているのか」[8]というところから議論を始めた。県独自の施策の妥当性・必要性を明確にすることが重要であり、また、県民負担のあり方についても、税を前提とするのではなく、本当に必要な森林管理のための方策は何なのかを、住民の参加による意見表明を求めながら検討することをめざしたのである。県の示した当初のスケジュールは、8ヵ月で7回の検討委員会を行い、森林関係者等との意見交換、県民アンケート調査、パブリック・コメント募集を各1回実施するというものであった。しかし検討委員会は、それまでの議論内容とその進み具合から、これでは充分な県民理解が得られないとして、第4回目の検討委員会において、スケジュールの見直しを求めることとなった④。

3　県民参加による施策づくりへ

（1）「みんなが気持ちよく協力できるような仕組み」[9]を求めて

検討委員会では、まず、公益的機能に軸足をおいた森林整備のあり方の検討から始めた。検討委員会は、行政により政策的に構成されたものではあるが、検討委員会としては「委員会そのものが県民参加の形」[10]と定義し、県民の意見を代理し、さらに、より多くの県民の直接参画を促して施策の策定をめざすこととした。

各回の検討内容については、検討委員会議事録から「森林整備」「県民理解の促進方法」「財源」の3つの項目に分けて**表4.3**に整理した。第1回と第4回目の検討委員会では、まず委員自らが、世界、わが国、岩手県の森林・林業についての共通認識をもつべく、県からの説明を受け、意見の交換をした。そこでは、森林・林業についての初歩的な質問や意見から専門的なものまで、そして、それぞれの立場にかかわる幅広い問題について議論されている。山林所有者は林業の振興を、主婦は子供たちのために開放される森を、

---

④　最終的には、1年2ヵ月で13回の検討委員会、5回の意見交換会、4回の現地調査、4つのアンケート調査とパブリック・コメント1回を行った。

写真4.1：いわての森林づくり
検討委員会の現地視察

農業者はバイオマス資源の利用を、酒造業者や漁業者は森林の水への影響を、さらに、不法伐採や森林資源の減少、リサイクル、森林環境教育など多様な意見や関心が示されるとともに、10数人の検討委員会の中だけでも共通の現状認識をもつことへの難しさが表れている。

　第3回からは、現地に出向いて森林の実情についての認識を深めるとともに、森林にかかわりを持っている人や地域の人々と直接意見交換を行い、お互いに理解しあう場を設けることとした。第7回の検討委員会までに、森林利用の特徴に違いのある県央・県北・県南・沿岸それぞれで、現地調査と地域住民との意見交換を行った。住民参加は、この段階から、県が予定した検討委員会の枠組みを超えたものと評価される。なぜなら、この各地での現地調査や意見交換は当初の予定には入っておらず、検討委員会の要請で実現したものであったからである。手入れのされていない森林を初めて目にした委員からは「このことだったのかと初めて実感させて頂きました。森林の手入れ如何によって、あのように地表部分までがらがらの岩屑が出ている状態になる。あれはやはり河川への土砂供給、濁り、そういったことを含めて沿岸の漁業にも大きな影響を与えるということを実感しました」[11]と、検討委員会に課せられた役割の重大さを再認識する発言も出された。4ヵ所、65名ほどの人々との意見交換がなされたが、ボランティアなど森林整備の新たな担い手の育成や、子供たちへの環境教育の必要性、所有者からは、農業と林

表 4.3　いわての森林

	第1,2回 (2004.2-3)	第3回 (2004.4)	第4回 (2004.5)
	現状と課題について説明を受ける 意見交換会（2名） 県民アンケート実施の検討 森林所有者アンケート要求	現地調査（大迫） 意見交換会（9名） 県民・森林所有者アンケート結果検討	国・県の林業施策の説明を受ける 県民の理解醸成のために，検討期間の延長を提案
森林整備方策	岩手県の森林・林業の現状をどう捉えるか‥生産重要森林所有者と一般県民の意見のすり合わせが大事 これまでと全く違った管理のあり方を考える必要あり	民有林についてのみ議論する 所有権をどうするか 県民（レク）と所有者（生産）の両者が満足する制度設計を 木材の利用拡大を，森林整備の新たな施策と考える	木材生産と公益的機能は両立きると思う 森林の機能を特定するのではく，総体として理解するべき
県民理解の促進方法	検討委員会そのものを県民参加の形と考える アンケート，パブリック・コメント，意見交換による意見聴取と広報	アンケートの回答率低い，特に若い年代低い 若者や回答者以外の人々への普及・啓発が課題 所有者と県民のギャップ解消	具体的事例を示しながら県民加のパネルディスカッション 委員自身が「何のためにここいるのか」を整理しきれずにい 時間をかけて県民の理解を得
財源	議論のスタートは，税ありきではなく，公益的機能発揮の森林整備のあり方を検討する 新たな支援を行なう場合，既存の制度や国が検討しているものとの関係をどう整理するか	県民は，森林管理費用の一部負担，林業への支援望む どんな形でも県民に協力を求めるなら，使途を明確に	いくらの財源でどんな事業がきるかのシミュレーション必 この委員会の目的は新たな財づくりの理論構成のための委会なのか

	第8回 (2004.8)	第9回 (2004.9)	第10回 (2004.11)
	中間報告案検討	中間報告書提出	地域説明会アンケート結果 県民アンケートの検討
森林整備方策	施策の絞り込み必要 規制緩和による公共事業に県産材使用 所有者がNPOに整備委託 生物多様性を考慮すべき 林業従事者養成 地域の間伐推進委員会設置	森林機能を貨幣評価するのは委員会として相応しくない 公共性が高く緊急を要する箇所の整備 NPOを含む多様な担い手の育成 所有者意欲の向上 県産材利用促進	説明会参加の所有者にも具体整備がイメージできない
県民理解の促進方法	県民全体を揺さぶるようなアイディア募集を	県民参加を求める県民運動や広報活動 県民総参加の森林整備活動に支援 体験活動促進	地域説明会は林業関係者多 開催方法の再考を 広報に市町村等を活用する パブリック・コメント実施 アンケート1000人を2000人増加する
財源	具体的数値化して県民に示す 普通税でなく目的税がいい 基金を作って別途経理する	NPO等に地域通貨で支払いは無理がある 県民税均等割超過課税方式か 水道課税方式	地域説明会アンケート結果は，県民税超過課税方式

第4章　森林環境税の形成と住民参加　155

資料：岩手県資料より作成

	第5回 (2004.6)	第6回 (2004.7)	第7回 (2004.8)
	地調査（二戸） 見交換会（14名） 期間の4ヵ月延長決定	現地調査（江刺） 意見交換会（20名）	現地調査（宮古） 意見交換会（20名） 既存の県林業施策について説明を受ける 先進事例について検討
	林整備の人材育成が大事 葉樹と広葉樹の比率の基準必要 談できる森林の専門家必要 林ボランティアの活用 有者はもっと森林を開放	経済林として活用しながら公益的機能増大を図る きちんと整備してくれるのなら所有者は歓迎 県産材の利用拡大 子供の入れる森へ助成を	個人の森林に援助するには，所有権制限必要 手入れ不足の森林を整備 ボランティアによる整備も 具体的な内容を明確に 地域に一定の資金を渡す
	民に山に関心を持って貰うの第一，展示林・森林教育 域のリーダーに係わってもら	若者に林業について教える場必要 皆が気持ちよく協力できるしくみ必要	充分理解している人が県民に説明する 県民の間に議論を巻き起こして，勉強会をやって，納得のいく形に
	金自体が目的ではなく，政策標が大事	使途・配分・対象地域の基準明確に 私有財産への助成とならないように 子供が森林体験できるならお金を出してもいい	施策を推進するために必要な財源をどうするか 税，募金，分担金，使用料，手数料，寄付金，水道料金 期間を限定する 出しやすい金額と必要な金額とは

	第11回 (2005.1)	第12回 (2005.2)	第13回 (2005.3)
	民アンケート結果検討 討期間の再延長	最終報告案検討	最終報告書提出
	林所有の有無に係らず森林整は必要との回答 ，市町村，所有者，県民が連携・力して整備 たな」整備とは何か，分からくなった 備放棄した人が得をすると思れるのが一番いや	具体的な事業が決まっていない段階で金額を出さないほうがいい 「新たな」を「環境を基軸とした」に言い換える	森林づくりの促進 多様な担い手の育成 県産材の利用促進 森林所有者・森林管理主体の意欲の向上
	ンケートの回答率低い 年層の回答少ない 益者の意識の喚起・啓発が必 民が迷わないような言葉使用	多面的機能を公益的機能に書き換え 地域全体の弛みない話し合いが重要	新たな森林づくり県民運動の展開 開かれた里山づくりの促進 森林・林業体験活動の促進 県民総参加による森林整備 さらに県民の意見を反映させながら具体的施策を検討
	負担も必要との回答8割 定の時期に見直し・再検討 民税超過課税方式 0～1000円	県民税均等割超過課税方式 個人　年1000円がひとつの目安 法人　個人と法人の負担割合を考慮した設定に 実施は県民を含めた第三者機関が行う	

業を一体とした支援制度や、所有者の手の届かない部分に代わって手入れしてくれるシステムの必要性などについて、意見が出された。

同時に委員会は、県民へのアンケート調査を実施した。一般の県民アンケート（対象者 1,000 名、回答率 37％）と、森林所有者アンケート（対象者 500 名、回答率 47％）である。森林所有者については、県が予定していなかったものであるが、検討委員会から、一般県民と所有者では意見に差があるはずで同じ質問で括ることはできない、という意見が出て、新たに加えられたものである。

県と検討委員会は、他のアンケート調査を参考に、事前に、回答率を 5 ～ 7 割程度と見込んでいた。ところが、回答率が 4 割弱にとどまり、20、30 歳代の回答が少ないという結果に衝撃を受け、県民とくに若い人々への森林への関心を高めることが大きな課題であり、それを踏まえながらこれからの議論を行うことを確認しあった。

アンケートの回答で、県民回答者の 85％ が森林や水など身近な環境に関心を抱いていることがわかった。森林の手入れが不足していると考える人は 5 割を超え、それを解消するためには、「森林所有者、県民、県や市町村等が連携・協力する」人が 37％、「県や市町村等が主体となり、県民が幅広い参加・協力を行う」人が 28％ で、「森林所有者主体の整備」を望む声（29％）より、他の主体と県民が協力するべきという意見（合わせて 65％）が大きく上回った。「森林のさまざまな働きを維持・強化するため、どのような協力をしたいと思うか」の問いには、県産材を積極的に活用するなど、林業・林産業への支援（46％）や、募金など森林を管理する費用の一部負担（43％）、森林の手入れを行うボランティア活動への参加（29％）が挙げられた。

森林所有者を対象にしたアンケートからは、自分の森林は適正に管理されていると答えた所有者はわずか 19％ で、今後どうしていきたいかの質問には、「労働や費用の支援があれば手入れを行いたい」が 45％、森林の働きを維持するのに必要なことは「手入れを実施する所有者への補助」（49％）という回答が多かった。

検討委員会はこのアンケートから、多くの県民が森林の整備に何らかの形で参加・協力をする意思を持ち、この段階で43％の県民は費用の一部負担もかまわないと考えており、一方、所有者は自分の森林への整備支援を望んでいる、という結果を導き出した。ここにおいて検討委員会は、新たな県民負担のあり方を含めた検討に入ることになったのである。

　主要な議論は、以下のとおりである。森林の整備については、対象森林を民有林に絞ることとし、既存の制度活用の可能性、県民と所有者双方が満足できる制度設計の必要性、ボランティアの活用などに時間をかけて議論を行った。公益的機能重視の整備に異論はないものの、林業振興のうえからも木材生産をも重視すべきだという意見が再三出された。「経済林として活用しながら公益的機能の増大を図る」という意見も出たが、県民のお金で整備を行い、結果的に所有者の利益になるような「私有財産への助成」であってはならない、所有者には一定の制限も必要、との意見に落ち着いた。しかし、みんなが気持ちよく協力できる森林整備の具体的な対象や内容については、この時期、まだ絞りきれずにいる。

　県民理解の醸成のためには、県民への情報提供・意見交換の場の設定、とくに若年層への働きかけの必要性、森林環境学習やイベントによる啓蒙、所有者と県民の交流などが提案されたが、どれもが関心をひきつける決め手とはなっていない。いずれの提案を満たそうとも満足のいくことはなく、多大な努力が必要であることを確認しあった。

　財源については、第7回までは、募金・分担金・寄付金・水道料金など税以外の可能性も考えられていた。「目的をきちんと県民に示したほうが理解が得られる」として、「スムーズにスタートするのではなくて、議論を巻き起こして、勉強会をやって、そしてその上で納得の行く形に」[12] もっていくことが必要だ、と話し合われている。

　これら検討内容やアンケート結果をもとに、2004年9月、「県民全体で森林の新たな整備・保全方策を講じていくことが必要」であるとし、その財源確保のため「新しい税制度の導入」を提案した中間報告を取りまとめた。そ

の具体的内容としては、森林整備のほか、多様な担い手の育成、所有者の意欲の向上、県民理解の醸成や県産材の利用促進が挙げられ、施策の実施にあたっては、透明性を高め効率性を確保するために、評価・検証や決定のプロセスに県民が参画できる仕組みも提案された(13)。

(2) 住民参加へのさらなる模索

　この中間報告を周知させるために、検討委員会は、県内13ヵ所での地域説明会⑤、パブリック・コメントの募集、盛岡でのシンポジウムを行い、県は、林業関係団体説明会や県議会・町村会への説明、さらに、テレビの県政広報番組や全世帯配布の「いわてグラフ」の利用など、2ヵ月にわたる広報活動を行った。

　地域説明会やパブリック・コメントに寄せられた意見には、県の既存政策の無駄を見直して財源にあてるべきとか、「公共性の高い森林」「緊急に整備が必要な箇所」の定義をはっきりさせるべきだなどという意見が出たが、これらは林業関係者からのものが中心で、多くの一般県民の声を集めるには至っていない。第10回以降検討委員会では、これらの意見をもとに、既存の森林整備施策と新税での整備の違いの明確化や、森林の管理を放棄した人が得をする施策ではないことの県民への説明、整備に必要な金額の提示、制度の見直し時期などを課題として、具体的な施策内容の議論に入った。

　12月には、中間報告の概要版を添付した2回目の県民アンケート調査（2,000名、回答率28％）が実施された。そこでは、新たな森林整備が「必要・ある程度必要と思う」人が90％を超え、そのための「新たな税制度の創設が必要」と考えている人が79％であった（**図4.2**）。その使途としては、「手入れ不足の森林整備（74％）」や「県産材の利用促進（48％）」「多様な担い手の育成（38％）」をあげる人が多かった。税額負担についての問いには、「500円程度」が31％、1,000円（27％）、2,000円（5％）、3,000円（5％）の1,000

---

⑤　中間報告地域説明会13ヵ所の出席者は394名、7～9割が林業関係者であった。第10回議事録、p.7

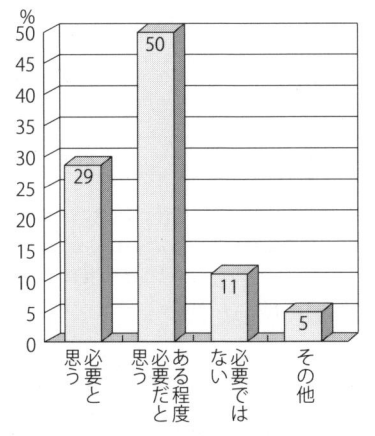

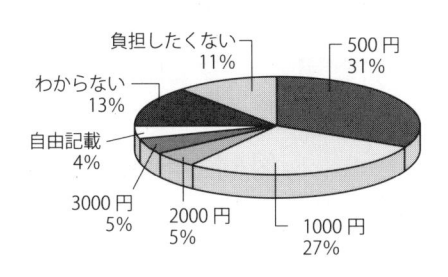

図4.2　新たな税制度の必要性について　　図4.3　新税として負担できる額

円以上を合わせると37％であり、「負担したくない」が11％であった（**図4.3**）。徴税方法としては、水道課税方式より県民税超過課税方式を望む人が過半を占めた。いずれの項目も、年齢による大きな差はみられず、回答者に森林所有者が3割いたが、所有者と非所有者による差もなかった。

同時に、市町村森林整備計画の策定を担い、地域の森林を主体的に管理する責務のある市町村の意向を知るため、市町村長アンケート（56市町村、回答率93％）も実施された。そこでも、これからの森林整備への県民税の制度創設については、一般アンケートと同様の回答が出た。ただし、税の負担額は500円程度が56％を占めた。これは、首長として住民の負担が少しでも軽いようにとの考えからではないかと推測される。

この2回目の県民アンケート調査は、第1回目のアンケートの回答率が低かったため、1,000名の予定を2倍にして実施された。しかし、統計的には問題がないとはいえ、回答率は3割を割る低い結果となった。50歳以上は合わせて66％の回答率だったものの、20歳代はわずか6％しか回答がなく、若年層の関心の度合いが依然として低い（**図4.4**）。第11回検討委員会では、様々な手段で広報を行ったにもかかわらず回答率の低いのはいまだ県民の関心を引くに至っていないからだと判断し、県民への税負担構想の周知を徹底

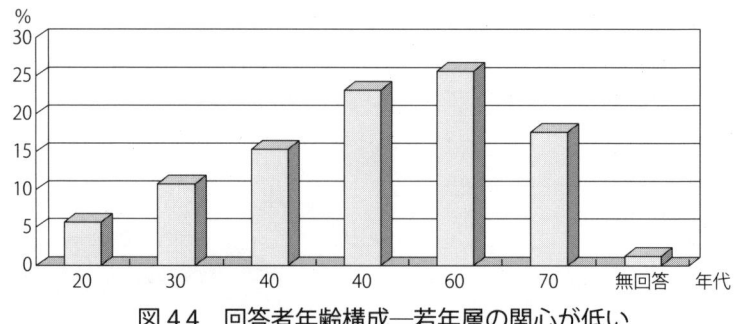

160　第4章　森林環境税の形成と住民参加

図4.4　回答者年齢構成―若年層の関心が低い

するために、検討期間の2ヵ月延長を求めた。そして、県や検討委員会の努力が県民に届いていないことに対する問題提起や方法論を出し合い、さらに町内会などを利用した説明会の企画や、市町村の活用等について議論を行った。

　この県民周知のための期間延長は、一方で検討委員会の議論に思わぬ展開局面を生んでいる。「税金を取ってまでこれからやろうとしている新たなことというのは一体何かというところがわからなくなってしまったので、既存の事業で対応できる部分を明確に説明して欲しい」という1、2回目に戻ったような要請が出たり⑥、「県民が出してもいいという金額でできる施策」を検討するはずが「整備にいくら必要か」という方向からの整理が正しかったのではないのか、といった意見である。しかし、これらはやはり検討委員各位のこの制度への確信を得るための階梯なのである。

　パブリック・コメント⑦や説明会での意見、アンケート結果を踏まえ、1年1ヵ月にわたる議論を経て、2005年3月、検討委員会は最終報告を提出した。その内容には、図4.5にみるように、公共性の高い森林の整備、多様な担い手の育成、県産材の利用促進、県民理解の醸成手段としての様々な県民参加のソフト事業を、均等割超過課税方式による県民税の導入によって行うこと、

---

⑥　既存の政策については、すでに第1回と、委員の要求で第4回の検討委員会において県から説明を受けている。
⑦　検討委員会中間報告へのパブリック・コメントは14人51件であった

そして、その施策の評価・検証や決定のプロセスに県民が関与する仕組みを確立すること、という提案が盛り込まれた(14)。

引用文献

（1）　北海道・北東北自然循環型税制研究協議会「自然循環型税制に関する報告」、2002年8月
（2）　岩手県「誇れるいわて40の政策～自立した地域社会の形成に向けて～」、2003年、p.9
（3）　岩手県「行財政構造改革プログラム～自立した地域社会の形成に向けて～」、2003年、p.48
（4）　岩手県「いわての森林づくりプロジェクト・チーム設置要綱」、2004年
（5）　岩手県「『いわての森林づくり検討委員会』の設置について」、2004年、p.1
（6）　前掲（5）
（7）　岩手県庁HP「新しいいわての森林づくり」
　　　http://www.pref.iwate.jp/%7Ehp0552/mori-dukuri/home.htm
（8）　第1回議事録、p.8
（9）　第6回議事録、p.2
（10）　第2回議事録、p.1
（11）　第3回議事録、p.10
（12）　第7回議事録、p.27
（13）　岩手県「いわての森林づくり検討委員会中間報告書」、いわての森林づくり検討委員会、2004年
（14）　岩手県「いわての森林づくり検討委員会最終報告書」、いわての森林づくり検討委員会、2005年

検討委員会最終報告書（2005.3）

I　森林整備（森林づくりの促進）
①公共性の高い森林の整備
②多様な主体による森林整備の促進
③学校林整備の促進
④地域や流域で森林を支える取り組みに対する支援

II　森林整備の多様な担い手の育成
①森林所有者等に対する研修機会の提供
②いわての森案内人養成や地域コーディネート機関の整備
③新たな担い手の育成・支援

III　県産材の利用促進
①みどりのエネルギー（木質バイオマスエネルギー）の利用促進
②県産木材利用の促進

IV　森林所有者・森林管理主体の意欲の向上
①公的機関が整備した森林の保全活動への支援
②不在村所有者向け意識啓発活動の展開

V　県民理解の醸成
①新たな森林づくりに関する県民運動の展開
②開かれた里山づくりの促進
③森林・林業体験活動の促進
④県民総参加による森林計画

県民税均等割超過課税方式
個人　年 1000 円がひとつの目安
法人　資本等の金額の区分に応じた定率の負担とし、現行の県民税における個人と法人の負担割合を考慮した設定

資料：岩手県資料より作成

岩手県素案（2005.6

環境重視の

森林整備（5億円程
①強度間伐による針広
　されていない森林、
②地域住民やNPOな
　取組みの公募、支援
③林内環境の健全化―

森林との

人材育成（1千4百
①森林所有者への啓発
②多様な担い手の育成

県民理解の醸成（
①いわての森林づくり
②学校林整備を通じた
③森林とのふれあい促

循環型社会形成の

①地域材による学童用
②木質バイオマスの利

県民参加の第三

県民税均等割超過
個人　年 1000 円
法人　法人県民税均等

図 4.5　「いわての森林

いわての森林づくり県民税（2005.11）

人工林の針広混交林への転換（6億8千万円程度）

公益上必要で緊急に整備が必要な森林を混交林誘導伐（概ね5割間伐）

① 森林所有者と整備協定締結
- 協定期間中（20年間）の皆伐・転用制限
- 普通林の場合、保安林に指定
- 森林体験等の場としての使用に協力
- 間伐材は、土留め柵等の措置をし、残りは林内集積

② 混交林誘導伐により針広混交林へ誘導・整備

地域力を活かした森林整備の公募、支援（1千5百万円程度）

地域の特色に応じた森林整備を、地域やNPO等が提案し、地域の力により整備を実施
- 未利用のまま放置されている里山林の再生
- 上下流の住民団体等が連携して行う森林づくり活動
- 野生鳥獣との共生、自然植生の保全・保護を目的とした森林の整備

補助率 10/10　1団体当たり原則100万円以内

事業評価委員会の設置、運営（5百万円程度）

いわての森林づくり県民税による事業について、調査、審議、評価、検証を行うため、事業評価委員会を設置、運営する

① 事業評価委員会開催経費
② いわての森林づくりの周知、広報

（左欄・部分的に見える項目）

森林づくり
度）
混交林への転換―手入れ
伐採制限協定
ど地域力を活かした
（いわてらしさ）
スギの枝打ち

共生
万円程度）

千5百万円程度）
の普及・啓発
理解醸成
進

めの地域材利用
（1億2千万円程度）
机・椅子の導入支援
用促進（いわてらしさ）

者機関設置
課税方式
割額の10%相当

「り県民税」使途案の変遷

第3節　検討委員会答申の行方　－県段階の検討－

1　県が示した素案の内容

　最終報告の段階で検討委員会の役割は終わったのだが、その後、報告はどのように活かされただろうか。それを検証するために、県段階の成案となるまでを追ってみよう。

　県は、検討委員会最終報告の「方向性を尊重するとともに」、「さらに県民の意見を反映させながら具体的施策を検討」(1)するとし、プロジェクト・チーム内で県としての案を練り上げ、2005年6月「岩手の森林づくり県民税（案）」（以下、素案）として公表した(2)。この間の県庁内での議論については公表されておらず、どのような経過で素案が検討され決定されたのかを、県民が知ることはできない。

　素案では、**図4.5**にあるように、県民税約7億円のうち5億円は森林整備にあてるとし、「手入れされていない森林」について所有者と伐採制限等の協定を結び、5割の強度間伐をしたうえ、針広混交林へ転換する案が示された。しかし、協定の具体的内容は示されていない。また、検討委員会で全く議論されていないスギ林への枝打ちが、所有者との協定締結の必要のない「林内環境の健全化」策として加えられている。その他「地域住民やNPOなど地域力を活かした取組みの公募・支援」や「木質バイオマスの利用促進」が「他の自治体にはない"いわてらしさ"の施策」として挙げられている。

　検討委員会最終報告にあった「人材育成」や「県民理解の醸成」も提案されてはいるが、内容は詰められていない。また、税の使い道について透明性を確保するための県民参加の第三者機関については、具体的内容も予算についても全く示されていない。

2 県「素案」に対する地域説明会での反応

　県は、この素案を持って、県内13ヵ所での地域説明会、10ヵ所以上への出前説明会を行った①。

　説明会が開かれた13ヵ所を、森林利用の特徴ごとに県北・県央・県南の3地域に分けると、出席者や発言内容の相違がみられる。県北と県南は、出席者の80％以上が林業関係者で、男性が多く、女性が1人もいない会場もあった。県全体での一般参加者は350名②であったが、女性の出席率は1割を大きく下回った。県民すべてにかかわる県民税の説明会という趣旨がどこまで浸透していたかについて疑問なしとしないが、一方では、県民の参加型政策の形成過程に対する無関心や非協力を指摘しても誤りない状況と捉えることができよう。

　県央部の説明会については、都市部が多いものの、ここでは出席者そのものが少なく、そうした中ではNPO関係者の発言が目立った。

　各地域とも所有者・林業関係者には新税創出を「新たな林業振興策」と捉える人が多く、「手入れをしない所有者に支援するのではなく、自分たちのように手入れをしているものにこそ支援すべきだ」、「森林を守っている自分たちからさらに税金を取るのはおかしい」といった意見が出た。都市部では、森林整備にNPOが積極的にかかわっていけるよう望む声が強いのに対して、山村部では、都市から来るボランティアに頼るのではなく、地元で担い手の育成を望む声が多い。とくに、「スギ林の枝打ち」に対する使途の理解について、所有者も一般県民も提案者である県のこの施業への位置づけや理解をなかなか呑み込めない点が象徴的であった。環境保全のための施業と、良質材

---

① 筆者は、研究方法でも述べたように、各地での地域説明会に参加し、直接内容を聴取している。地域説明会が行われたのは、盛岡、花巻、北上、水沢、一関、千厩、大船渡、釜石、遠野、宮古、岩泉、久慈、二戸の13ヵ所である。
② 参加人数は、岩手県農林水産部よりの聞き取り調査による。県振興局職員を含めると521名の出席であった。

生産のための施業とそのための補助金とは違うことが実態として理解されないのである。素案にも「スギ林の枝打ち」は既存制度の拡充策であると書かれていることから(3)、すでに自分で枝打ちをした所有者には不公平であるとか、県の林業予算の無駄を見直せば、税を取らなくても意図する整備が可能なのではないか、という発言が各地で繰り返された。

森林所有者との長期の伐採制限協定など細部を詰めていない段階では、説明会がその成果を得られなかったといってよかろう。新税方式は時期尚早ではないのか、などという意見も出された(4)。

また、同時に行ったパブリック・コメントの募集には、38通の意見が寄せられた。賛成意見は、税の主旨に賛同し、その活用に期待するというものが多く、反対意見はその理由として、森林整備は大切だが増税には反対、どのような使い方をするのかが具体的に示されていないので不安などというものであった(5)。

さらに、「銀河系いわてモニター」300名③へのアンケートを行った結果は、森林整備の必要性を認める人97％、税の創設に賛成する人が64％、反対する人が16％であった。反対者の主たる理由は、「新たな税負担は好ましくない」というものであった。

県は、これら説明会のほかに県や市町村の広報紙、マスコミ等を使っての周知に努めており、その努力は評価されなければならない。しかし、それでも期待したほどの県民の関心を呼び起こすまでに至らなかったといえよう。また、施策の具体的内容を詰め切っていない点もあることから、説明会の場においてそこを問われると「これはあくまでもたたき台です」という返答に終始するということもあり、参加した県民が不安を覚え、その場での納得を与えるものではなかった点は指摘しなければなるまい。

---

③　銀河系いわてモニターとは、県の依頼したアンケートに回答するために2年間委嘱された県民をさす。20歳以上が条件であり300名いる。性別、年齢別、地域別に平準化されている。アンケート回答者は251名、回答率は84％

引用文献
（1） 第13回議事録、p.13.
（2） 岩手県「森林保全のための『いわての森林づくり県民税（仮称）』の創設について」、2005年
（3） 前掲書（2）、p.6
（4） これらの意見は、各会場での筆者の聞き取りメモによる。
（5） 岩手県農林水産部より入手資料「いわての森林づくり県民税（仮称）（案）に対するパブリック・コメントの状況」1 p. より

第4節 「いわての森林づくり県民税」の成立

1　県議会に提出された「いわての森林づくり県民税」成案

　県は、素案に対する県民の意見聴取結果を踏まえ、2005年11月に成案を公表した(1)。

　税の使途については、素案と大きく変わり、3つの重点施策に絞られた（前掲図4.5参照）。ひとつは、「森林環境の保全の面から特に緊急性が高いこと、事業実施の効果が具体的な成果としてわかりやすいことから、『人工林の針広混交林への転換』に特に重点をおいて実施」することである。他の2点は、「地域力を活かした森林整備の公募・支援」と、「事業評価委員会の設置・運営」である。素案の段階で県民に説明のあった「スギ林の枝打ち」「人材育成」や「地域材・木質バイオマス利用」などはなくなっている。「森林整備の公募・支援」の内容として、素案にいう「学校林整備」や「森林とのふれあい」を行う団体が選ばれる可能性はあるが、検討委員会段階で時間をかけて討議された「多様な担い手の育成」「県産材利用の促進」「森林所有者の意欲向上」「県民理解の醸成」は、新たな施策としては全く盛り込まれていなかった。

　この成案については、素案から成案に至る検討の経過は公表されず、成案の内容についても「県が公表した」と新聞等で報道されただけで、県民に対する説明会などは行われなかった。

　県の「公表」については、それまでの地域説明会などでも「インターネットで県庁のホームページを開いてみる県民、見ることができる県民がどれだけいるのか。ホームページに載せただけで「公表した」というのはおかしい」(2)との批判が多く出ていた。後の新聞の投書にも、2006年4月の施行後に新税の資料をみて、「昨年7月に『いわてグラフ』で県民に説明した内容とは大きく異なっている」ことに「がくぜんとした」というものがあり(3)、素案がどのような検討を経て成案の内容に変更されたのかが、県民にとってはまっ

たく不透明であった。

　12月の県議会では、地域説明会では賛否両論であったことを踏まえ、「説明会での意見を施策等にどのように反映されたのか、また、県民への説明責任を果たし、県民からの理解を得たと認識しているのか」という質問が出された。それへの答弁は、「素案では、多岐にわたる施策案をお示ししましたが、県民の方々からは、納得できる使い方をしてほしい、この制度を有効に進めてほしいなど、効果を実感できる施策にとの御意見を踏まえ、森林整備の緊急性も勘案し、人工林の針広混交林への転換を特に重点化して実施するということで今回の案をまとめたものでございます。このたびの案につきましては、ホームページへの掲載のほか、報道機関を通じて県民の皆様にお知らせするとともに、さまざまな関係団体等へ説明を行っておるところであります」というものであった。県民の望む「効果を実感できる施策」というのがなぜ「針広混交林への転換」重点化なのか、についての具体的な説明はなされていない[4]。

　「いわての森林づくり県民税条例案」は、「実施にあたっては、その必要性、使途等について、県民の十分な理解を得るよう努めること」という付帯意見付きで可決され、2006年4月からの施行が決まったのである。

2　検討委員会委員の県成案への反応

　筆者はこの章において、「いわての森林づくり検討委員会」は、県が政策的に設置したものではあるものの、検討委員会委員は自らを県民の意見を代理するものとし、より多くの県民の参画を促して共に施策の策定をめざそうとしていたことから、住民代表の委員会と位置づけて考察してきた。検討委員会は、最終報告を行った時点で解散し役割を終えているが、多大な時間と労力を費やして検討したものがまったく違う成案の内容へと変化したことについて、元検討委員はどのように考えるかを知るために2006年4月に郵送によるアンケート調査を実施した（委員14名中回答10名、回答率71%）。

　委員の職業については第2節の**表4.2**にあるが、委員の公募は行われてお

らず、回答者のうち県から依頼された人が8名、所属組織から推薦された人が2名であった。

アンケートでは、前掲の**図4.5**を同封して検討委員会の最終報告、素案、成案の違いを示し、その違いを知っていたかを訊ねた。「知っていた」が70％、「知らなかった」もしくは「充分捉えてなかった」が20％であった。その情報源としては、半数の人が「新聞・テレビ等報道や広報」をあげ、県から直接説明があった人は10％、他の関係者から聞いた・自ら聞きに行った人が20％であった。

実際に施行される政策が、検討委員会の答申と大きく異なる点に対しては、「検討委員会の役割は検討することにあるのだから、その後の経緯で大きく異なってもしかたがない」とする人と、「大きく変わる場合は、すでに役割を終えた委員にも説明があるべきだ」とする人とが半々であった。後者の中には、「これまでかけた時間は何なのか」とか「税金を導入するための手段に過ぎなかったのか」と、失望を表明する回答もあった。また、「しかたがない」と答えた人の中にも、変更点を県民に示すべきだとする意見があった。検討委員会としては、2度にわたる期間延長を要求して県民の声を反映する努力をしただけに、その後の展開におけるこの種の委員会やそこでの内容について、県の姿勢には問題を残していると言わざるを得まい。

「いわての森林づくり検討委員会」の事務局を県が務めたことについては、「県が事務局という形になるのはしかたがない」という意見が70％を占めた。この中には、「委員会や中立の立場のひとが事務局をすることは理想であるが、現実にはまだそこまでに至っていない」と考える人も含まれている。

さらに、今後「いわての森林づくり県民税」の事業を評価するため設置される事業評価委員会はどうあるべきかをたずねた。半数を占めたのが「県が選任した人と一般公募の県民で構成し、事務局の役目もその中で行う」というものであった。検討委員会と同様に県が事務局を行う方がよいとする意見も40％であった。

以上のアンケート分析からは、今回の検討委員経験を通して、形式的な「県

民参加」の委員会であってはならないこと、しかし県民参加の委員自らが委員会を運営するレベルにはまだまだ至っていないと考えていることがみえてくる。

引用文献

（1） 岩手県「県民みんなで支える森づくり『いわての森林づくり県民税』」、2006年
（2） 「森林づくり県民税（案）」地域説明会、2005年7月15日北上会場他、筆者傍聴
（3） 岩手日報「日報論壇」2006年5月1日投稿記事
（4） 岩手県議会会議録　2005年12月定例議会
　　　http://www2.pref.iwate.jp/cgi-bin/gkd/mokuji.cgi?G=2&Y=17&M=12&C=1

第5節　地方における森林施策づくりへの課題

　以上、岩手県の「いわての森林づくり県民税」の策定過程をみてきた。ここでは、新たな森林管理施策が県民参加の形をとって行われるいわば初期段階であることを踏まえ、分析のまとめが今後の県民参加進展への課題析出ともなるべく整理してみよう。

　今回の「いわての森林づくり県民税」の形成においては、委員会方式による県民参加の形をとったが、委員会の議論内容によっては、アンケートや現地へ出向いての委員会開催などにより、県民参加の内実を得ることが可能であるといえる。しかし問題は、むしろ県民のそもそもの関心レベルをどう高めるのか、その点が大きいともいえる。岩手県のこのケースでは委員会がよく努力していた。しかし事実は、①検討委員会の中間報告と県の素案についての地域説明会をそれぞれ13ヵ所で行い、合計700名を超える県民の出席があったが、そのほとんどが林業関係者であり、この政策は従来の林業政策の延長と考え、森林環境政策についての認識に不足があった。一般県民の出席や発言は、ほとんどみられなかった。②検討委員会開催日程や議事録、県の案などは、県庁のホームページに随時公表されていた。しかし、インターネットを使える人、県庁のホームページにアクセスしようとする人は限られていて、「県民に公表した」とは言い切れないのではないか。公開されていた検討委員会への各回の傍聴者も、ごくわずかであった。

　次に重要な点は、県民参加による意見のいわばまとめを、行政がいかに受け止めるのかにかかわるところの問題についてである。「いわての森林づくり県民税」の場合には、県は必ずしも県民参加のまとめを充分吸い上げるというところまではいっていない。検討委員会のまとめと県施策として成案になったものには、少なからず相違があった。この展開の過程における透明性の不足をどう補っていくのか、その制度化をどう図るのか、という問題意識が必要であり、ここでも実は大事であったと思われるのだが、それがなかった。

第4章　森林環境税の形成と住民参加　173

写真 4.2：県民税で間伐した森
　　　　　（2006 年）

　岩手県と同時期（2005 年 12 月）に議会を通過した和歌山県「紀の国森づくり税」は、議員提案によって県議会に出され成立した。県民への周知やアンケート調査は、条例成立後の 2006 年 8 月から始められることになった。今日、新しい施策決定のプロセスには「住民参加」が必須条件となっているはずなので、和歌山県の例は特殊であるかもしれない。そうした県からみると、岩手県の例は進んでいると捉えることができよう。しかし、参加がアリバイ的で意見が充分反映されていないとすると、やはり問題である。行政側になお残る「住民側の意見は聴取するが、意思決定は行政が行う」という側面と、また一方の住民側の、計画や評価の場に参加しようとする積極性が依然として希薄な実情を、早く乗り越えたいものである。
　木平[1]は、山本[2]と同じように、森林政策立案過程での合意と支援のために欠くことができないこととして、ボランティア作業などによる「森林体験」を挙げる。「都市住民（ここでは県民、筆者注）が森林の内容を知る機会であり、森林に関心をもつきっかけである」という。しかし、その作業参加は最終的な目標ではなく、それをステップとして立案過程へまで参加・合意形成へと進まなくてはならないとする。「いわての森林づくり県民税」策定過程では、様々な広報手段を使ったことの努力は評価できるものの、それにもかかわらず、県民多数の参加や関心を引きつけることができないまま策定に至った。そして、その内容決定段階のところで、「具体的な成果としてわかり

やすい」森林整備に特化してしまい、県民の意識向上に必要な「県民理解の醸成」部分を削ってしまっている。

　今後、この「森林づくり県民税」の使途については、県民参加による事業評価委員会が調査・評価・検証にあたる。その際には、事業評価委員のみならず全県民の意思や意見を尊重したものにしなければならない。また、これからの国や地方自治体の森林政策策定においては住民の積極的な参加が必須である。行政には、住民に対する説明責任を全うすることと住民が参加しやすい機会の提供が、住民には、利害関係者として話し合いの過程に主体的に参加する意識の改革が求められる。さらに、筆者の研究[3]にあるように、行政と地域住民の代表からなり、それら利害関係者の間に位置し、地域政策づくりの調整役を果たす、「政策的中間組織」の存在が必要であると考える。ここでみてきた森林づくり検討委員会のような委員会や今後作られる事業評価委員会などが、ステイクホルダーである行政・林業関係者そして一般県民の代表者からなり、同等の立場で協働して意見を調整しより良い施策の策定・実行・評価を行う組織へと成熟させていくべきである。

引用文献

（1）　木平勇吉「森林計画の立案過程への住民参加」木平勇吉編『流域環境の保全』、朝倉書店、2002年、p.128-130

（2）　前掲書　山本信次「森林保全と市民セクター形成－森林ボランティアの可能性－」山本信次編著『森林ボランティア論』、J-FIC、2003年、p.309-326.

（3）　岡田久仁子・岡田秀二「ニューフォレストに学ぶ新たな森林管理システム－イギリス・ニューフォレストの分析から－」『林業経済研究』Vol.52 No.2、2006年、p.23-30

第 5 章

イギリス・ニューフォレストの新たな森林管理システム

　イギリスでは、1980年代初めには環境政策への転換が始まっていた。したがって、世界が環境重視の政策に向かう頃には、独自の森林政策をいち早く策定するなどの対応を行っている。また、森林認証制度など、ボトムアップで作られた制度に国家基準を策定して対応するなど、環境重視型森林管理について、多くの先進的試みがある。

　この章では、イギリスの中でも、パブリック・アクセス、コモンズ、王室林、森林認証、国立公園などに、大変興味深い対応があり、そこで起こる様々な問題に対して政策的中間組織ともいえる組織が、国や地方自治体と住民の間にあってうまく対処しているニューフォレストの分析を行う。

　この地域の例からは、前章までにみてきた日本における環境重視の森林政策の策定や定着への課題解決に関し、大きな示唆を得ることができよう。

第1節　課題と背景―イギリスから何を学ぶか

　筆者は、第3章で、地方としてはいち早く環境重視の森林政策へシフトした町について、その展開と現状、またそこに現れる地方自治体や事業体、住民の新たな政策に対する困惑や模索する姿についてみてきた。また、第4章においては、森林環境税策定過程を例に、行政は、新たな森林政策の立案のために、住民参加の検討委員会を設置し、そこで多大な時間を検討に費やしていること、しかしその検討案が、後に行政が示す成案に必ずしも活かされていないことを指摘した。

　新たな政策定着にかかわるこのような混乱は、いまも各地で起こっている。木平は、2000年以降を「市民参加と合意形成の時代」と定義し、森林管理において、「市民や利害関係者のパートナーシップの理念とその役割が議論され、さまざまなかたちで試みられようとしている。これらの用語と理念が先行する日本の森林管理において、その実質化をめざすことが21世紀に入った現在の課題である」とした。そして、その実質化のために必要なことは「さまざまな価値観と異なる目的と能力をもつ一般の人々、グループ、専門家などの利害関係者が…参画するのに共通的に必要なものはリーダーシップ、組織力、ネットワーク、社会的な支援制度、活動マニュアル」であり、そしてなにより重要なのは「自分で考え、その解決のためにどのようなパートナーシップを構築していくかを議論すること」だ、という[1]。

　また、古川は、高知県の森林環境税やFSC森林認証制度の実現過程を事例に挙げ、行政側が住民の意見を政策に反映させようとするなら、「公募による委員の選出や県政モニター制度など住民参加の仕組みを制度的に作ることが重要[2]」と指摘する。

　しかし、柿澤は、先進事例となるアメリカ合衆国の自然資源管理においてさえ、市民参加制度には問題があるとする。そのひとつは、市民の意見を反映できるだけの裁量権が現場レベルの機関に与えられていないこと、2つめ

は、策定過程が担当部署の内部作業に委ねられ、市民は提出した意見がどのように検討され計画に反映されたのか判断できず、不透明さに不信感をいだいていること、3つめは、市民参加導入のための詳細なマニュアルを作成したが、マニュアルを機械的に適用して市民参加を進めるため、結果的に市民との関係を悪化させてしまうこと、であるという(3)。

制度として住民参加の仕組みを作ったとしても、それが柿澤の指摘のように機械的に運用されるだけならば、木平のいう「実質化」には結びつかない。

この章では、環境重視の政策の定着を、いちはやく現場レベルでも実現しているイギリスを素材に、以下の諸点に迫ってみたい。それは、①環境重視の政策が受け入れられていく地域に即した条件分析とその受け止め方について、②その際に必要であった利害関係者等の調整と、③誰がそれを担ったのかということについて、④また、政策展開と地域という視点から捉えると調整役組織は「政策的中間組織」ともいえるわけで、事例の歴史的展開整理が同時に「政策的中間組織」の成立およびその役割と機能を示すものとなること、である。

具体的には、森林政策の様々な側面を合わせ持ち、歴史的にもまた現代的課題についても、必要な装置をつくりながら対処してきているニューフォレストについて、聞き取り調査やそこでの収集資料等から①、その歴史的展開実態と様々な調整的システムについて、実証的に整理する。具体的には後の節で述べるが、ニューフォレストは、900年以上にわたって狩猟地としての王室領に地域住民が入会利用を行ってきた。現在は国有林としての管理・利用が行われているが、そこに入り会う農民だけでなく都市住民がレクリエーションの場としての利用も行っている。この入会利用する国有林を中心とする地域を持続的に管理・保全するためには、国や地方政府をはじめかかわる様々な組織、そして地域住民と都市住民の輻輳した要求を満足させる方策が

---

① 筆者は、ニューフォレストにおいて、2001年9月、2002年9月、2004年9月にそれぞれ、FCやヴァーダラーズ等への聞き取り調査、資料収集、入会権者や観光客へのアンケート調査などを実施した。

第5章 イギリス・ニューフォレストの新たな森林管理システム　179

取られなければならない。ニューフォレストでは、それら利害関係者をメンバーとし、各方面からの要請を調整する組織が大きな役割を担っているのである。

　いまだ環境重視の政策の策定や定着について確固とした手段を持たない日本は、ニューフォレストの分析から大きな示唆を得ることができるはずである。

引用文献

（1）　木平勇吉「国有林地帯での流域環境保全への住民のかかわり－戦後の50年間の変化－木平勇吉編『流域環境の保全』朝倉書店、2002年、p.67 -68
（2）　古川泰「地方自治体による新たな林政の取組みと住民参加　－高知県森林環境税と梼原町環境型森林・林業振興策を事例に－」『林業経済研究』Vol.50 No. 1、2004年、p.50
（3）　柿澤宏昭『エコシステムマネジメント』築地書館、2000年、p.91-96

第2節　イギリスのコモンズ

　この章の研究対象地であるニューフォレストでは、実に永いこと入会利用が行われている。この節では、はじめにイギリス、その中のイングランドとウェールズのコモンズについて概観しておこう。

　まずcommons（コモンズ）という言葉であるが、室田・三俣はその著書『入会林野とコモンズ』の中でその意味を歴史的に明らかにしようと試みている。
　Common（コモン）という言葉は、「その語源は、共有財産、ないしは協同の権利を意味するラテン語」にあり、中世のころからイングランドやウェールズでは、right(s) of common（コモンの権利）という制度の中の言葉として使われてきた。そのコモンの権利とは、「1人の、ないしは複数の人々が、他の人の所有、ないし保有する土地で自然に生み出されるものの一定部分を採取、ないしは利用する権利」と定義され、コモンは、その権利の「行使が公認されている土地をさすのが普通である。」とする[1]。
　コモンズという複数形の表現については定かではないが、「上述の意味での権利が行使できる土地は、中世イングランドやウェールズには広く、そして数多く分布していた。したがって、コモンが権利を指すよりも、土地を指す機会が増すにつれ、それら複数の土地の総称としてコモンズという表現が一般化していった」と想像している(1)。
　一般的に日本では、commonおよびcommonsを「入会地」、right(s) of commonを「入会権」、さらにcommoner(s)を「入会権者」と訳す場合が多いことから(2)[2]、本書もそれにならうこととするが、イギリスでは「入会権

---

[1]　イギリスのコモンズでは、基本的に、「他人の土地に対する権利」「自然産出物の一部の採取」が構成要素である。日本の「共有の性質を有しない入会権（民法294条）」にあたる。
[2]　しかし、戒能は、commonを「入会権」、commonsは「共同地」と訳している（戒能通厚『イギリス土地所有権法研究』、岩波書店、1980年）。

のついた土地」のことをいうときは common land と呼ぶのが普通である(3)。
　イギリスの入会の歴史と現況については、平松が克明な研究を行っているし、室田・三俣もその著書で略述を行っている(4)。ここでは、関連する法や制度の歴史展開を中心に次のように整理をした。

○イギリスは、太古には深い森に覆われていたが、文明が発達するにつれ、人々は森を伐り開き耕地へと替えていった。耕作に向かない土地は林野や荒蕪地のまま残された。おそらく人々は、その耕作に向かない土地で、家畜の放牧をしたり、燃料を採取するなど、自分たちの生活に必要な自然資源を利用していた。
○1066年のノルマン征服後、人口の増加などから、その未耕作地を自由に利用する権利が制限されるようになる。
○11世紀封建制の確立とともに、領主の荘園（manor）の中の荒蕪地や林野へ入り会って、家畜放牧や魚とり、燃料採取などをする権利（rights of common）が認められるようになる③。しかし領主たちは、自分の所有地を物理的に徐々に囲い込んで、農民たちを締め出そうとし始める。
○1236年マートン法（The Commons Act 1236 入会地法）は、条件つきながら領主が余剰生産物からの利益を得るための囲い込みをすることを認める。
○1285年入会地法、入会権者に必要な放牧地の保有を認める条件で、領主に、残りの土地を囲い込んで開発することを認める。
○最初の Inclosure Act 1773（入会地とオープンフィールド改善法）は、「入会権消滅法」ともいわれる④。これにより多くの入会地が消滅することになる。
○18世紀初頭から 4000以上の Enclosure Act により、耕地の拡大などのために入会権の及ぶ放牧地などが囲い込まれる。
○19世紀後半から、工業化によって疲弊した都市民の郊外の緑地や田園地域への自由なアクセスを望む声が大きくなる。
○1845年の Inclosure Act では、教区や近隣住民のためのスポーツとレクリエーションのための割り当て地を規定する（当該住民が慣習的権利を持っていることが必要）。
○Inclosure Commissioners Act により、インクロージャーを行う場合の審査委員会を設置。
○Metropolitan Commons Act 1866（首都圏入会地法）。公衆の健康とレクリエーションのため首都圏における入会地の囲い込みを全面禁止。ロンドン市に、25マイル以内の入会地の取得権・管理権を与える。オープ

> ン・スペースの確立。
> ○ National Parks and Access to the Countryside Act 1949（国立公園・田園アクセス法）。国立公園や田園地域への公衆のアクセス権を認める。
> ○ Commons Registration Act 1965（入会地登記法）。入会地とともに公衆がレクリエーションなどに使用してきた緑地等が登記可能になる。
> ○ Countryside Act 1968（田園地域法）。公衆のアクセス権を基本とする環境保護、自然保護を規定。
> ○ Countryside and Rights of Way Act 2000（カントリーサイド・歩く権利法）他人の土地に対する公的通行権確立。（217頁のコラム参照。）

　イギリスでは、昔は他人の所有する土地に農民の放牧や自然資源を採取する権利のついた「入会地」が、19世紀には公衆のオープン・スペースとして保全され、だれでもがアクセス権を持ち、利用することができるようになった。したがって、所有者が自分の土地でありながら自由に開発できないことから、民衆の健康維持のみならず、貴重な野生動植物や自然景観が保護されることになったのである。

　2006年現在、イングランドとウェールズにおいて、9,000ヵ所以上、130

---

③　ManorへのＶ入会以外にForestへ入り会う場合があるが、それについては後述する。
④　Enclosure（囲い込み）とInclosure（入会権消滅）の違いは、前者が入会地に柵や塀を設けて農民を追い出すものであるが、後者は、その入会権自体を消滅させるものである。この章の第4節注⑦も参照。
⑤　オープン・スペース協会HP　http://www.oss.org.uk/index.html　より。
なお、日本における2000年の入会林野面積（推定）は、民有林200万ha、国有林121万ha　計321万haである。（永坂崇「入会林野整備事業の衰退と現代的意義」『入会・コモンズ2005』、岩手入会・コモンズの会、2005年、p.20）
⑥　平松は、「コモンズのオープン・スペース化は、その管理において地域共同性を維持するローカル・コモンズから地域住民の管理権が及ばないグローバル・コモンズへの転換というテーマになる」が、イギリスでは、「コモンズがオープン・スペース化したからといって、共同管理が崩れるわけでは」なく、森林や自然は人々の共通資源であるというコモンズの発想が生きており、その発想が今後改めて問われるのではないかという。平松紘「イギリスのコモンズ」井上真他編『森林の百科』2003年、朝倉書店、p.612-615

万エーカー（52万6,000ha）の入会地（Common Land）が登録されている[5]。

コモンズに関する今後の研究の焦点は、日本をも含め、これらのいわばオープン・アクセスをめぐる問題に移ってこよう[6]。地域の自然環境や地域資源を伝統的な利用の中で守ってきた入会権と、新たな権利としてのアクセス権、そこでは、それぞれが無秩序に権利を主張し続けることはできない。お互いの権利を共通のものとするための話し合いの場や調整する組織が必要である。それを、ニューフォレストから学ぶこととする。

引用文献

（1） 室田武・三俣学『入会林野とコモンズ』、日本評論社、2004年、p.99-132
（2） 平松紘『イギリス環境法の基礎研究』、敬文堂、1995年、等。
（3） English Nature 他「A Common Purpose: A guide to agreeing management on common land」、2005年
（4） 平松前掲書（2）に同じ。室田・三俣前掲書（1）の「第4章 イングランド、ウェールズにおけるコモンズの歴史と現況」

第3節　ニューフォレストの位置づけ

　対象とするイギリスのニューフォレストは、①王室領つまり国家的所有地の管理を行う森林委員会（Forestry Commission、以下 FC）と、②そこに家畜の放牧などの入会権を持つ入会権者（commoner）、さらに、③ウォーキングやキャンプといったアクセス権をもつ一般市民が、それぞれの権利を主張しながら、他の権利との共生・バランスを図っているという地域である。

　イギリスには、政策目的や課題に応じ、開発トラスト[①]やグラウンドワーク[②]における地域再生パートナーシップの組織等、行政・企業・住民等が協働する政策的中間組織といえるものが各地域に存在する。それら組織では、古くから活動している地域密着の団体や企業が大きな役割を果たしている。この章のニューフォレストにおいては、入会権を守る立場から調整を行う「ヴァーダラーズ（Verderers）[③]」と、地域のあらゆる法定組織やコミュニティ組織を包含し、地域森林管理のための管理計画（Strategy for the New Forest）を策定すると同時に、その実行にも責任をもつ「ニューフォレスト委員会（New Forest Committee、以下 NFC）」、NFC の諮問機関である「ニューフォレスト諮問委員会（New Forest Consultative Panel、以下 NFCP）を政策的中間組織と捉え、その役割に注目する。

　ニューフォレストは、**図 5.1** と **5.2** にみるように、イングランド南東部のハンプシャー州に属し、サザンプトンとボンマスという古くからの海岸保養

[①]　1970 年代からの、「地域の自治体や企業及び住民が協働で、経済、環境、社会活動を通して持続可能な地域再生を行い、地域再生の過程に地域住民を巻き込んでいくための独立、非営利の団体」中島恵理『英国の持続可能な地域づくり』、学芸出版社、2005 年、p.17

[②]　1981 年、イギリスで始められた行政・企業・地域住民がパートナーシップを組み、協働して地域の環境を持続的に再生・改善・管理する活動。

[③]　森林裁判官を表すヴァーダラーズ（Verderers）は英語名詞の複数表記であるが、ニューフォレストでは一般的にこのように表現するため、本書ではそのまま使用する。

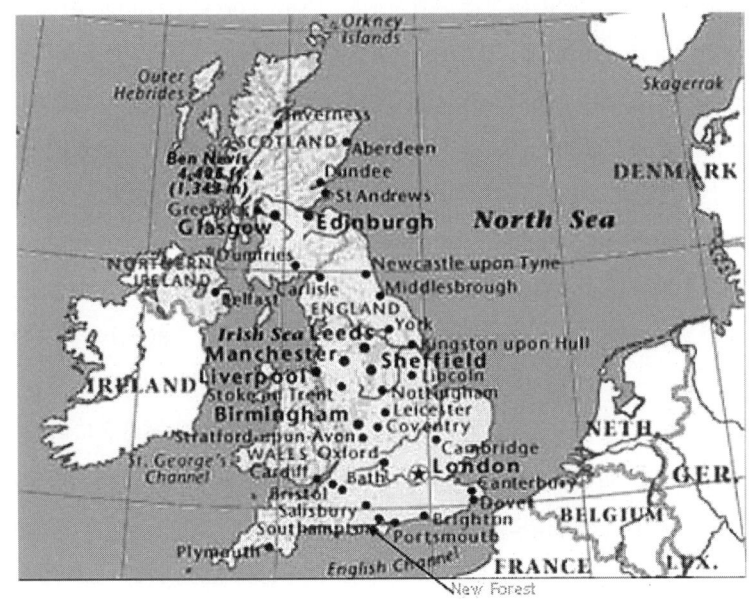

第5章 イギリス・ニューフォレストの新たな森林管理システム 185

図5.1 ニューフォレストの位置

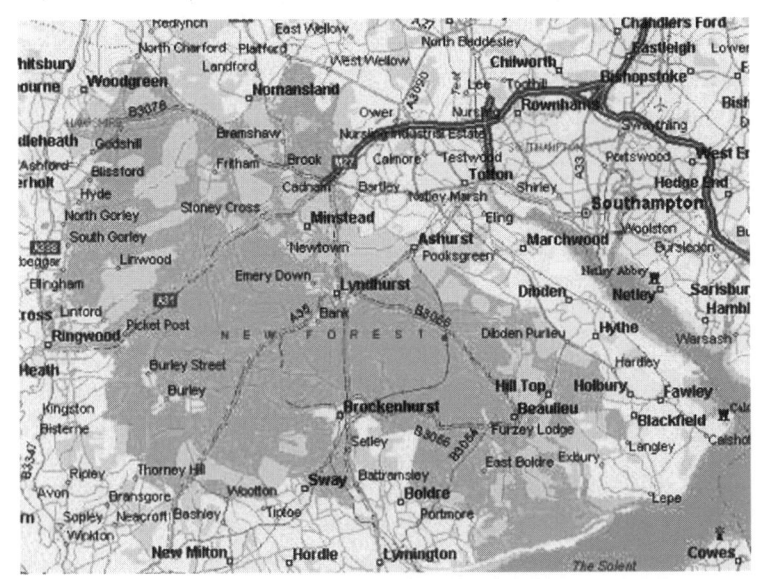

図5.2 ニューフォレスト

地の間に位置する。その核をなす遺産地域（New Forest Heritage Area）[④]約5万3,300haは、1992年に、増加しつづけるパブリック・アクセスから景観・環境を保全するため、政府から「国立公園と同等のもの」という特別の指定を受けた。さらに2002年には「国立公園指定命令」が発効し、3年間の様々なプロセスを経て、2005年3月にイギリス14番目の国立公園である「ニューフォレスト国立公園」となった。

　地域の土地管理は、遺産地域全体をNFCが管理し、その中のかつて王室の狩猟地であった約2万5,800haは、FCが管理している（**表5.1**）。そのかつての王室領の一部には、900年も前から住民の入会利用が認められている土地（オープン・フォレストと称される）がある。今日も、**表5.2**にあるように500人弱の入会権者が、ポニーの育成・販売を目的とする牧畜利用や薪炭採取を行い、生活と密接にかかわる伝統的利用を続けている。そこでの利用の特徴は、日本のかつての入会のような集団が重要な意味をもつというより、個人的利用を基軸にしている点にある。その入会の土地と入会権者の権利を

表5.1　ニューフォレスト土地利用区分

土地区分	面積(ha)
遺産地域	53,320
入会権適用地域 　（含オープン・フォレスト）	37,677
王室領（FC管理）	25,825
内　インクロージャー	(8,500)
内　オープン・フォレスト	(17,325)

資料：Forestry Commission of the New Forest HP「Fact File」より作成
http://www.forestry.gov.uk/pdf/NewForestFacts.pdf/$FILE/NEwForestacts.pdf

---

[④]　ニューフォレスト遺産地域は、31町村を含む地域で、人口は約3万8,500人、標高の一番高い地域で125m、年平均気温約10℃、年平均降水量は800mmである（Forestry Commission of the New Forest 聞き取り調査入手資料より）。
[⑤]　国立公園としては一番多くの利用客が訪れるイングランド中央のピーク・ディストリクトの年間利用者数は、2001年の調査で2,000万〜2,400万人であり、ニューフォレスト地区には、それと肩を並べるほどの利用客が訪れる（Peak District National Park Authority「Tourism in the Peak District National Park」、http://www.peakdistrict-nationalpark.info/studyArea/factsheets/02.html#tourism）

第5章　イギリス・ニューフォレストの新たな森林管理システム　187

表 5.2　ニューフォレストにおける入会権者数の推移

年	1965	1970	1975	1980	1985	1990	1995	2000
人数（人）	297	334	429	436	351	372	411	454

資料：ヴァーダラーズ現地調査による入手メモより作成

表 5.3　ニューフォレストへの観光客数

年間の観光客数　2,000万人	居住地から1時間以内の地域の利用客 1,200万人
	その他の地域からの利用客 800万人
	キャンプ場利用者　年間延べ65万人
	車で来る利用者　95%

資料：Forestry Commission of the New Forest HP「Fact File」より（表5.1に同じ）

守るのが、ヴァーダラーズという組織である。

　また、地域には年間2,000万人もの人々[5]が森林景観を求め、ウォーキングやキャンプを楽しむためにやってくる（**表5.3**）。後に詳しく述べるが、筆者の行ったアンケート調査によると、いずれの利用者とも、地域の土地管理や施設整備には肯定的評価を与え、繰り返しの利用希望を表明している[1]。このように同地域は、王室領を中心に、入会地としての伝統的利用と、環境重視の土地管理とパブリック・アクセスという新たな利用が共存し、それらの関係がうまく調整されている地域なのである。

引用文献

（1）　岡田久仁子「コモンズとパブリック・アクセス— New Forest 観光客へのアンケートより—」『入会・コモンズ2005』岩手入会・コモンズの会、2006年、p.14-18

第4節　フォレスト管理の歴史と入会権の形成

1　王の狩猟地「フォレスト」の形成

　まず、ニューフォレストの歴史的形成過程をみていこう。

　1066年にイングランドの王となった征服王ウイリアムⅠ世は、自らの狩猟のために、イングランド全域21ヵ所を王の狩猟地「フォレスト（Forest）」と定めた。その後の王たちによりフォレストの面積は拡大され、13世紀には国土の約3分の1を占めるまでになった。「フォレスト」とは、「国王あるいは貴族の排他的な狩猟のために森林を中心とする鹿と猪の保護を目的とした指定地域を指す」(1)ものであり①、権力者の国土・領地支配の内実が色濃く反映されたものである。フォレスト化された地域では、慣習法と平行してフォレスト法②の規制を受けることとなる。このフォレスト法は、独自の裁判所（Verderers Court）と裁判官ヴァーダラーズ（Verderers）③をもつ法的システムであり、その法の主目的は、王室の楽しみのために、鹿（venison）④とそれらが食べる樹木（vert）の保護にあった(2)。王は、フォレスト法としての文書を示すことによって、自らの法律の厳格さを正当化し、排他的な狩猟の権利を明らかに宣言したのである。この法は、訴えも補償もなしに、王室役人（Crown Officials）によって管理されていた。この法の適用範囲には、

---

①　本書では、現在の一般的な意味である森林と区別するために「フォレスト」と表記する。
②　フォレスト法（Forest Law）は「森林法」ではなく、川崎のいう「御猟林法」の意味である（川崎寿彦『森のイングランド』1987年、平凡社、p.61）。
③　ヴァーダラーズ（Verderers）は、森林法によって違反者を裁く裁判官であるが、歴史的には王室財産管理人（Coroner）と同等の職権をもつものであった。13世紀には、ヴァーダラーとコロナーを同じ人物が務めていたという記録がある。Verderers of the New Forest(1997)Verderers of the New Forest -A Brief History- p.2
④　venison : red deer（アカジカ）、roe deer（ノロジカ）、fallow deer（ダマジカ）、wild pig、これらフォレスト内の4種類の動物のこと（狩の獲物の意）。

耕地、牧草地、それに村落までもが含まれ、住民は、許可なくフェンスや生垣で自分たちの作物を守ることも、木を切り出すことも、食べるために鳥獣を捕ることもできず、それを犯した罰は、手足等の切断か死という厳しいものであった(3)。

2 地域農民が入会権を得るまで

(1) ノルマン時代〜1500年代前半　狩猟地としてのフォレスト

　ニューフォレスト⑤は、1079年に上述の意味のフォレストに定められた。その時点から住民は多くの規制を受けたが、やがて一定の期間に限られてではあったが、荒地での家畜の放牧が許され、さらに、燃料としてのピートの採取も許可されるようになった(4)。これが、この地に現在も生き続けている入会利用の始まりである。

　12世紀になると、王室や国家の側の海外進出のための資金調達と食料基盤の整備という経済的要請から、フォレスト法適用解除（disafforestation）のプロセスが始まり、多くのフォレストが耕作地に転用された。しかし、耕作に向かないやせた土壌のニューフォレストは、フォレスト法規制下に置かれたままであった。

　1200年代の後半から1300年頃には、何度かニューフォレストの境界線が改定されたが、耕作地の必要性から、その範囲はだんだん狭められる傾向にあった。それとともに、ヴァーダラーズやアジスターズ（Agisters）⑥など過酷なフォレストの官吏たちの役割は縮小され、樹木や鹿についての法を犯

---

⑤　征服王ウイリアムⅠ世がフォレストに定め、ノバ・フォレスタ（Nova Foresta）＝ニューフォレストと名づける以前は、この地はYteneと呼ばれていた。
(Graham Cooper (2004) The New Forest History of the Forest, http://www.hants.org.uk/newforest/histry1.html)
⑥　後述するが、アジスターズは、12世紀には、王から任命された騎士（knight）で構成され、入会権をもたない人々から放牧料を徴収する役目を持っていた。現在は、ヴァーダラーズのもとで、入会権者から放牧家畜の放牧料（Marking Fee）を徴収し、入会権者とともに放牧家畜の健康や安全の管理を行う。

した者についての裁判には、宣誓した陪審員が導入されるようになった。

1537年に、フォレスト管理の基本となる「ニューフォレストの命令と規則（Orders and Rules of the New Forest）」が策定され、その中で初めて、現在まで「入会権」として認められている入会慣行についての記述がなされている。この頃には、狩猟を行うのは王室の人々ではなく、プロのハンターになっていた。

15世紀後半から17世紀のチューダーやスチュワート王朝時代には、王室のフォレストへの関心は薄く、フォレスト法の運用についても対応不足がみられた。小さな裁判所では、ロンドンから各地を廻る裁判官の巡回が希なためそのシステムは衰退していった。ニューフォレストでの巡回裁判は、1670年を最後に1871年までは廃止された状態であった。

（2）1500年代後半〜1851年　木材生産地としてのフォレストへ

エリザベスⅠ世の時代の1570年に、ニューフォレストでは、5,800エーカーにのぼる天然更新による育林地がつくられ、囲い込んで鹿や放牧家畜を追い出した。それは、海軍の軍艦製造用の木材を採るためであり、それまでの製鉄のための炭用に木を伐採することは禁じられた。1611年には、初めて海軍用に1,800本のオークを伐採した記録が残っている。以降、ニューフォレストは軍用材供給のための重要な地域となり、小さな軍艦1艘つくるのにも2,000本もの成熟したオークが伐採されたという (5)。

1698年、ニューフォレストに、海軍が必要とする立木を得るためとその保護を目的に囲い込み法（Enclosure Act）が施行された。これは、直ちに2,000エーカーに植林し、以後20年間にわたって年間200エーカーの植林を行う計画であったが、実際には、15年間で1,022エーカーが植林されたにすぎなかった。他方でこの法は、入会権を法的に認めた最初のものでもあった。

当時、森林の保続生産の方法として、植林を行い、そこを囲い込んで（inclosure）⑦鹿や家畜を遠ざけ、ある大きさに成長したとき囲い込みを解く、という方法がとられるようになったが、用材需要の拡大と育成的林業の方法

的確立は、もっと多くの土地を囲い込むことにつながり、これから将来にわたっての入会権者と王室の大きな軋轢のもととなるものであった。

　鹿の出産期と冬場の鹿のえさを確保するための時期は、フォレスト法上で家畜の放牧が禁止されていたが、この当時、ニューフォレストにおいては通年放牧が行われていた。ニューフォレストにおける入会権（Rights of Common）の展開については平松論文に詳しいが、平松によると、ニューフォレストでは、フォレスト法上の禁止にもかかわらず、鹿の出産期にあたる禁猟期（fence month）には普段より高い放牧料をとることができることから、「ニューフォレストでは、大勢として禁猟月放牧が認められており、それは、狩猟地としての当フォレストの創設期におけるルールの緩慢さとその後の発展における、狩猟にまさる財政的魅力と住民の必要性によるところ」からであった。林業地としての囲い込みは、こうして続いてきた慣行による住民の入会利用に変更を迫るものだったのである(6)。

3　ヴァーダラーズ（森林裁判官たち）の歴史

(1) 王室のための裁判官から入会権を守る組織へ

　各フォレストに置かれたヴァーダラーズ組織は、フォレスト法適用解除とともに消滅し、21世紀の現在は、このニューフォレストのほかには、エセックス州のエピングフォレスト（Epping Forest）と、グロースター州のディーンフォレスト（Forest of Dean）に、権限を持たないアドバイザー組織として残っているだけである。

　フォレスト法のもとで、地域住民によるフォレストの侵害を裁くことがヴァーダラーズの主な仕事であった。しかしヴァーダラーズ中心の法的シス

---

(7) ニューフォレストでは 'inclosure' を、「ニューフォレストとそこでの管理に特有の表現で、フェンス内にある林地（the wood）を言う。フェンスの外のエリアは 'open forest' で、入会権者の家畜のために常に開放されている」と定義する。Forestry Commission (1999) The New Forest Woodlands, Pisces Publications、p.115 より

表5.4 ニューフォレスト法1877年（Commoners' Charter）

- フォレストの公衆へのアメニティの価値を重視、景観の保全へ
- 王室の木材伐採権を廃止
- 16,000エーカーを超える囲い込みの禁止
- 入会権の諸制限の廃止(通年放牧)
- 入会権保全のためにヴァーダラーズ裁判所の再構成と、ヴァーダラーズの新たな権限を規定
    ⇒ 入会権者とその代理であるヴァーダラーズを主導とする「Forest」の複合的な利用の道を開く

資料：現地資料と聞き取りにより作成

テムは、王室の狩猟に対する関心が薄れるとともにくずれてくる。他方で、15世紀以降、海軍が必要とする木材の伐採、植林のためのインクロージャーの増加など、フォレストは木材生産の場としての性格を強めていく。インクロージャーの増加は当然入会利用を大きく制約するものとなり、王室と入会地農民との軋轢は大きくなっていった。

1851年には、鹿除去法（Deer Removal Act）、つまり、植林の脅威となり、また入会農民にとってはじゃまものの、フォレスト内の鹿をすべて駆除する法がつくられた。この法は、王室がもはや狩猟のために鹿を保護する意思のないことを表したものであり、ニューフォレストが大規模な植林地へと変わるターニングポイントとなった。

ところが1877年には、ニューフォレスト法（New Forest Act）[8]が出され、地域の諸関係は一転する。これにより、ヴァーダラーズの王室へ忠誠を尽くす役割は終わり、**表5.4**にみるようにむしろ入会権者の権利を守ったり、土地利用問題の解決を図ったりする組織へと大きく変貌する。ヴァーダラーズは、王室から任命された1人と、選挙で選ばれた6人の計7人で構成された。選挙では、入会権のついた75エーカー以上の土地を所有している人（地方大地主のみ）に立候補の資格があり、登録された入会権保有者と地方行政区

---

[8] この法は、「入会権者憲章（Commoner's Charter）」とも呼ばれ、入会権の保全とパブリック・アクセスという「フォレスト」への複合的な要請に道を開いたものである。

第 5 章　イギリス・ニューフォレストの新たな森林管理システム　193

議会の有権者に投票の権利があった。

　このニューフォレスト法は、フォレストに都市民の要求する森林オープン・スペースとしての利用を認めた法律でもある。それが故に、都市民の利用によるダメージからその景観と土地そのものを保全することを目的としたのである。ヴァーダラーズは、入会利用のためのヒースや牧草等の土地利用・地力維持を図ると共に、オープン・スペース化による入会権の侵害などに対処するための組織へと変わったといえる。

（2）ニューフォレストの6つの入会権

　ここで、中世から現在まで連綿と続けられているニューフォレストの入会権（表5.5）とその内容についてみておこう。この権利を行使できるのは、フォレストに隣接するところに入会権の付いた土地を所有している者である。

　この入会権を具体的にみていくと、1の「牧草地の権利　Common of Pasture」は、約1万8,000haのオープン・フォレストに入会権者の家畜（ポニー、牛、ロバなど）を放牧する権利である。放牧料は、アジスターズが徴収し、支払いの証としてポニーの場合は尾の一部を切り取り、牛には耳にタグがつけられる。また持ち主ごとの焼印も押される。現在は、500人ほどの入会権

表5.5　ニューフォレストの入会権（Rights of Common）

1	牧草地の権利（Common of Pasture）―牛、ポニー、ロバ、まれに羊、を放牧する権利
2	木の実についての権利（Common of Mast）―秋にドングリやブナの木の実が落ちる期間（pannage season）に、森林内に豚を放牧する権利
3	薪についての権利（Common of Fuelwood）―家で使う燃料にする薪の割り当て（Estovers＜必要物＞として知られている）
4	羊に関する権利（Common of Sheep）―羊を放牧する権利
5	マール（肥料にする泥灰土）の権利（Common of Marl）―入会権者の土地に散布する、土壌改良のための limey clay（英国土）を採る権利
6	泥炭採掘の権利（Common of Turbary）―家で燃料にするための泥炭を切り出す権利

＊5、6の権利は、現在は行使されていない
資料：Forestry Commission「The New Forest」より

者が約5,000頭の家畜を放牧してこの権利を行使しているが、本来の入会慣行を継続して行っている入会権者は200人ほどである。放牧家畜の数に制限はない。

　2の「木の実についての権利　Common of Mast」は、木の実の時期（pannage season）に豚をフォレストに放牧する権利である。期間は、毎年FCとヴァーダラーズの協議によって決められ、9月から11月の間の、最長60日間の期間である。豚は、どんぐり（ブナの実 beech mast、オークの実 acorn）が落ちてすぐの実が青いうちに放牧されそれを食べる。このまだ青い時期の実は、牛やポニーにとっては毒であり、1968年には、その青いドングリを食べてポニーが80頭、牛が40頭死んだ記録がある。19世紀には、5,000～6,000頭の豚が放牧されていたが、現在では100頭を大きく下回る数で、だんだん行使されなくなっている権利である。

　3の「薪についての権利　Common of Fuelwood」とは、家で燃料にする薪についての権利であるが、土地ではなく家庭の炉についた権利である。現在この権利を行使しているのはごく限られた入会権者で、ほとんどはFCにその権利を譲り渡し、FCが、決められた長さの薪にして決められた場所に積んで置き、それを入会権者が受け取ることになっている。各家には量（cord　薪の体積の単位）が決められている。つまり、この権利は、原生林や展示林から薪を取ったりしないよう、FCによってコントロールされているのである。

　しかし、境界内の1850年以前に建てられた家に住んでいる人は誰でも、車など乗り物を使って運ぶことはできないという条件つきで、落ちた枝などは採ることができる。

　4の「羊に関する権利　Common of Sheep」は、元は修道院のあったごく限られた土地で行使された権利である。修道院はすでになくなってしまったが、一部で羊の放牧が行われている。

　5の「マールの権利　Common of Marl」のマールとは泥灰土のことであり、これは以前に土壌改良や家の建築にも使われた。しかし、現在は行使されて

いない権利である。

　6の「泥炭採掘の権利　Common of Turbary」も、現在行使されていない権利である。これは、家庭で燃料にする泥炭を採る権利であるが、土地にではなく家庭の炉や煙突についた権利である。

　以上の6つが権利として認められたものであるが、この外に慣習として、8月末からのワラビを刈り取る作業（冬場の家畜のえさや敷き藁として使用）、7月から9月にFCへ利用料を支払って行われるミツバチの養蜂、冬にポニーや鹿に新芽を食べさせるためにするハリエニシダ・ヒイラギの刈り取りや野焼き（現在は、FCが計画的に行っている）なども行われている。

（3）放牧家畜を管理するアジスター（ズ）

　アジスターズは、ヴァーダラーズのもとで、フォレストにおいて、馬に乗り、入会権者とともに放牧家畜の管理と世話をし、入会権者から放牧料（marking fee）を徴収する人（たち）である。12世紀の王室領において「騎士を、王の林地で、家畜を預かって飼育し、手数料を徴収し、家畜の保護管理をするよう」アジスターとして任命した、という記録が残っている。

　2006年現在、ヘッド・アジスターを含め5名であるが、家畜の減少、とくに狂牛病流行以来の牛の減少によって報酬となる放牧料収入が減り、6名であったものが5名へと人員削減を余儀なくされている。獣医の資格は必要ないが、365日24時間労働で、ほぼ獣医と同等の仕事をしており、ほとんどのアジスターは自身が入会権者でもある。

　毎日、入会権者やその家畜動物と直接接することから、入会権者からのFCやパブリック・アクセスに対する不満や、家畜の事故や病気などを、裁判開廷日を待たずにヴァーダラーズへいち早く伝える役割をすることになる。

　フォレスト内で、このアジスターズと同じような仕事をしている人々に、FCのフォレスト・キーパー（New Forest Keeper）がいる。これは、他の地域ではwildlife rangerと呼ばれる職種であるが、アジスターズと同じようにフォレストにおいてヴァーダラーズ条例が守られているかを監視するととも

に、アジスターズが放牧家畜の管理をするのに対して、鹿など野生動物の数をコントロールし自然環境を保全する役目をもっている。

引用文献
（1） 平松紘『イギリス環境法の基礎研究』敬文堂、1995 年、p.84
（2） Forestry Commission（1999）The New Forest Woodlands Pisces Publications、p.18
（3） Forestry Commission（1993）The New Forest、Pitkin Pictorials、p.4
（4） Forestry Commission（1993）前掲書（3）、p.4
（5） Paul Goriup「The New Forest Woodlands -A Management History-」Forestry Commission、1999 年より
（6） 平松紘　青山法学論集　第 32 巻　第 3・4 合併号「フォレストの史的構造とフォレスト法」p.369

第5節　フォレストの管理・利用と政策的中間組織

1　戦後のヴァーダラーズの変貌と現在

　ニューフォレストは、第1次・第2次世界大戦を通して、国家目的に立つ木材供給地に変貌した。それに伴い、1924年、管理は王室からFCへ移管された。

　時代の要請が、パブリック・アクセスや自然環境の保全へ向けられるようになると、それまでのヴァーダラーズのシステムでは対応しきれなくなり、1949年ニューフォレスト法①によって組織は**図5.3**のように再構成され、その政策上の位置づけも**表5.6**のように変更された。

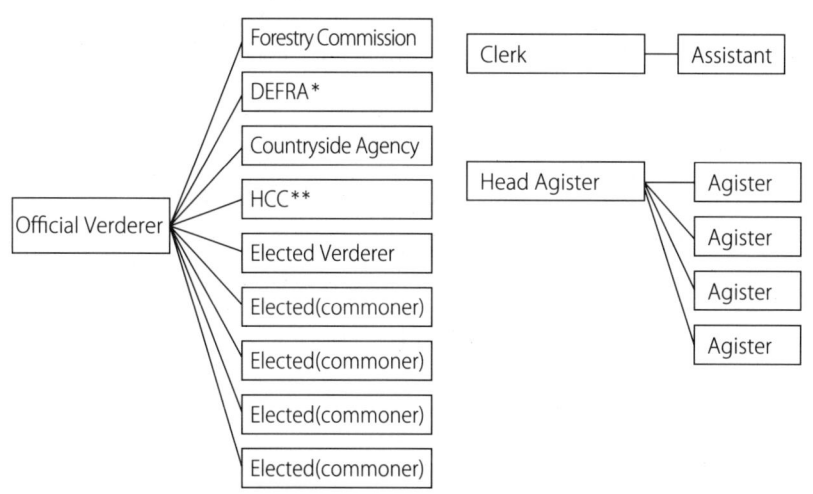

* DEFRA：Department of the Environment Food and Rural Affairs
** HCC：Hampshire County Council
　　　図5.3　ヴァーダラーズの構成　（2006年現在）

---

①　この法では、自然環境保全の重大性を認め、ヴァーダラーズとFCの役割を明確化した。ヴァーダラーズに条例制定の権利を与え、車の増加に伴う放牧家畜の交通事故増加に対するために道路沿いにフェンスすることなどを規定した。

198　第5章　イギリス・ニューフォレストの新たな森林管理システム

表5.6　ニューフォレスト法1949年

- ヴァーダラーズの構成を、6人から10人にし、選挙で選ばれるヴァーダラーズの資格を定義しなおす
- それまで資金不足のヴァーダラーズの責任であった排水や放牧地の補修を、FCの役割とする
- 条例（Bye-laws）の策定と改正の権限をヴァーダラーズに与える
- ヴァーダラーズの許可を受け、支払いをすることを条件に、FCは、木材生産のために5,000エーカーまでのインクロージャーをすることができる。(Verderers' Inclosureと呼ばれるものである)
- 原始林や保存林の衰退を回復させるために、FCに20エーカーまでの短期間の囲い込みをする権限を与える
- FCに、「Atlas of Forest Right（入会権の付いている土地の地図化）」を作成する義務を与える
- A31の道路沿いにフェンスをする権利を与える

資料：現地入手資料より作成

　首席ヴァーダラーは首相に任命（女王の承認を受ける）され、FC、カントリーサイド・エージェンシー（Countryside Agency、以下CA）、環境・食料・農村地域省（Department for Environment, Food, & Rural Affairs、以下DEFRA）ら国の機関やハンプシャー州議会からの代表者、登録された入会権者（入会権のついた土地1エーカー所有が立候補条件）から選出された5人の計10人で構成され、条例の策定と改正の権限を与えられるようになったのである。なお、入会権者の選挙によって選出されたヴァーダラーズの任期は6年であり、以前75エーカー所有が条件であった頃と比べ格段に激しい選挙戦が行われている。選挙で選ばれたヴァーダラーズへの謝礼金は、年間250ポンド（約5万円）である。

　ヴァーダラーズ裁判所には、常勤の事務官、パートタイムのアシスタントとともに、先に述べたようにアジスターズがいる。アジスターズは、フォレストにおいて、入会権者にも手伝ってもらいながら、放牧されている動物の管理と世話をする。また、放牧家畜に焼印を捺し、放牧料を徴収する役目を持っている。

　裁判所の運営費の大部分と事務官の給与、アジスターズの賃金と諸費用（馬や銃の維持費等）は、FCからの補助金、国からFCを通して支払われる交付

第5章 イギリス・ニューフォレストの新たな森林管理システム　199

表5.7　ヴァーダラーズ会計報告（2000年3月31日）
―主な収入は家畜の放牧料と国の交付金

	項目	1999年度（£）	1998年度（£）
収入	ライフプロジェクト entry fee	4,285	4,335
	放牧手数料（marking fee）	71,446	62,989
	Forestry Commissionからの牛補助金	24,000	24,000
	Forestry Commissionからのポニー補助金	29,500	29,500
	Forestry Commissionからの放牧地損害補償金	9,294	9,294
	Forestry CommissionからのInclosureに対する補償金	18,058	18,058
	国からForestry Commissionを通しての管理交付金	63,492	63,492
	投資収入（純益）	295	294
	銀行預金口座利息（短期預金口座を含む）	3,084	4,220
	鉄道線路補償金	5	7
	調査手数料	3,299	3,278
	押収家畜売買代	62	57
	その他雑収入	258	842
	寄付金	1,000	212
	ヴァーダラーズ選挙償還費	0	6
	計	228,078	220,584
支出	アジスターの給与、国民保険	78,398	77,175
	アジスターの所要経費支出	46,307	45,691
	事務官の給与、国民保険	30,481	29,610
	日雇い労働者	909	490
	職員年金計画	9,098	7,024
	賃借料	3,300	3,317
	牛の飼い葉桶用水料金	696	499
	登録牛の耳認識票	1,003	1,042
	保険	3,831	3,150
	電話―小額払戻金	9,367	7,480
	補修、改修	69	123
	動物の囲い補修	120	800
	無痛屠殺機	141	179
	印刷、事務用品、郵便、広告	5,150	4,396
	法律家、専門家への料金	1,754	15,560
	会計検査料	1,527	1,527
	雑経費	1,806	2,753
	ヴァーダラーズ経費	0	409
	ヴァーダラーズ謝礼金	1,250	1,250
	銀行負担金	756	888
	ライフプロジェクト	26,626	33,371
	減価償却―備品	2,114	2,034
	（利潤）固定資産の売却損	0	-226
	法人税	617	413
	放牧家畜の寄生虫駆除	8,439	6,704
	ポニーの首輪	0	1,200
	アジスターの衣服	194	932
	訓練	449	140
	計	234,402	247,930
	収入―支出	-6,324	-27,346

資料：New Forest Verderers Review Winter 2000/1 より作成

金と、入会権者から支払われる放牧料で賄われている（**表5.7**）。

表5.6にある「Atlas of Forest Right」という地図は、1953年に発行された。また、1959年には、ヴァーダラーズの承認により、オープン・フォレストに、植林のために2,000エーカーのインクロージャーが行われた。

1964年のニューフォレスト法では、放牧家畜の交通事故増加に大きな懸念を示し、交通量の多いA35に沿って1967年までにフェンスをすることとした。さらに、ヴァーダラーズには、アクセスの増加を抑制する権利を与えたが、これは、同時にこの法で、FCがキャンプ場を開設する権利を手にしたのと表裏一体のものとなっている。

1970年のニューフォレスト法では、さらに、FCに駐車場やキャンプ場などレクリエーション施設のために囲い込みをする権利を与えたが、それには必ずヴァーダラーズの許可を受けることが必要である。

1971年には国王の野生動物に対する特権を廃止する法（Wild Creatures and Forest Law Act）が出され、それまでの900年にわたるフォレスト法は、正式に廃止されることとなった。

2　ヴァーダラーズとFCの役割

（1）入会権者を守るヴァーダラーズの今日的役割

ヴァーダラーズの大きな役割は、ニューフォレスト法（1877～1970年）、カントリーサイド法（Countryside Act）、林業法（Forestry Act）、さらにはEUの生息地に関する指令（The European Union Habitats Directives）に基づいて、入会権のついた土地利用をめぐる様々な問題の解決にあたることである。さらに、①フォレストの経営については、FCとの関係を密にして管理にかかわるようになっている。レクリエーション施設の提供、排水設備、雑草等のコントロール、道路工事など、開発や保全については両者間の協議と同意が必要である。②自然については、イングリッシュネーチャー（English Nature、以下EN）と、③公園管理は、CAと、④観光客の増加に伴って問題が多くなってきた水やゴミについては環境エージェンシー（Environment

写真 5.1：現在のニューフォレストの森

Agency、以下 EA）と、というように多くの関連組織とも協議を行っている。それらは、入会権者の権利保存、すなわち、入会農民の所有する家畜の管理と保護のためであり、政策的中間組織としてのヴァーダラーズは、各種動物保護団体[2]との連携も不可欠なものとなっている。

入会慣行に関する役割は、以下のとおりである。

- 入会権者の家畜を一定レベルに調整し、フォレストの保護と伝統的な性格維持のため、一定の基準に保つ
- 放牧家畜が、フォレスト内で住みやすく、よく成長できるような、入会慣行の基準を高める
- フォレストの保護にかかわる入会権者の公的役割について、意識の向上を図る
- 入会権者からの訴えを聞き、放牧の管理や保護に関する不満に対して解決を図る
- 放牧家畜の保護、保全について、他の関連組織とともに連携する
- ヴァーダラーズ条例に基づいて、動物の管理に関する固有の基準を保証する管理システムをもつ

（2）王室の代わりにフォレストを守る FC の役割

現在のフォレストの管理は、入会権者を守る立場としてのヴァーダラーズ

---

[2] 入会権者保護協会、国際馬匹保護連盟（The International League for the Protection of Horses）、入会権者の家畜保護協会（The Commoners' Animals Protection Society）等。

表 5.8　New Forest Forestry Commission の組織（2001 年）

Deputy Surveyor	Manager 1人	Recreation	1人 — Official 8人	
		Planning	3人 — Official 2人	
		Communication	2人 — Official 7人 + Volunteer Rangers40人	
	Manager 1人	Administration	1人 — Official 5人	
		Dorset	Ringwood Beat	4人
			Wareham Beat	3人 — Official 4人
	Manager 1人	South Walk	3人 — Official 9人	
		North Walk	5人 — Official 16人	
		DP	2人 — Official 9人	
	Ecology	2人		
	Estates	2人		

資料：現地調査入手資料より

と、1924年から王室に代わってフォレストを管理しているFCが、その他かかわる多くの組織とともに協議しながら行っている。ここでは、現地入手の資料やニューフォレスト管理計画から、FCの役割を中心に、フォレスト利用の実態をみていく。

　ニューフォレスト地区には、年間2,000万人もの観光客が訪れることは前に述べた。日本での高速道路にあたるM27に接続するA31が地区の中心を走り、A36やA326といった幹線道路が通っている。そのため、観光客の95％が車で訪れることになる。2003年のニューフォレスト管理計画によると、2001年には、観光客相手のホテル、レストラン、パブ、商店などツーリズム関連で、地域雇用全体の30％を占める雇用があり、ツーリズムは1億5,600万ポンド、約312億円の経済効果を生み出しているという。

　観光客のめあては、伝統的な田園地方の風景を楽しむことだが、この風景は、前にも述べたように、900年にもわたる伝統的入会利用によって守られ保全されてきたものである。ここで問題になるのが、田園風景を楽しむために「都市化」を持ち込んでしまうという矛盾である。車の騒音や渋滞、街灯の設置などにより伝統的な田舎の生活が都市化せざるを得なくなり、地域の住民との軋轢がおこり、その両者の調整が大きな問題となっている。

　FCでは、上記の**表5.8**にみる組織により、ニューフォレストの管理を行っている。

表 5.9　ニューフォレスト管理にかかわる優先順位

1　自然保護
2　地域経済のサポート（入会慣行の伝統を守る）
3　パブリック・アクセス、ツーリズム
4　地域開発（木材生産を含む、持続可能な地域経済に寄与する）
5　ヴァーダラーズ、ニューフォレスト委員会、ニューフォレスト諮問委員会とともに協議し管理する

　現在の管理については、1999年の大臣令（Minister's Mandate for The New Forest 1999-2008）(**表 5.10**)により優先順位が**表 5.9**のように定められ、地域の管理に問題が起きたときには、ヴァーダラーズや後に述べるニューフォレスト委員会（New Forest Committee）、ニューフォレスト諮問委員会（New Forest Consultative Panel）とともに協議し解決しなければならないことになっている。

　もちろんヴァーダラーズとともに、自然（Special Area of Conservationなど）についてはENと、国立公園と同等のものについてはCAと、パブリック・アクセスの増加によって起こってくる水やゴミの問題についてはEAと、協議が必要なことはいうまでもない。

　最初の大臣令は1971年に公表されたが、その後、フォレストの自然と文化遺産の保護についての国際的重要性が高まり、1999年7月に農漁食料大臣（当時）によって新しい大臣令が承認された。そこでは、フォレストの伝統的な特質の修復が最重要課題に据えられ、それはまた、入会慣行の役割と、現存する自然の保護と文化遺産の間の密接な関係の承認でもあった。

　オープン・フォレストでは、入会利用とパブリック・アクセス双方の利用がなされているが、インクロージャーされている木材生産林はおよそ9,000haあり、そこから伐採された木は、挽材、柱、杭、パルプ材料として売却される。現在は、すべてFSC認証材である[3]。針葉樹は、植林から伐採まで45〜70

---

[3]　イギリスでは、1999年にFC管理の国有林すべて約83万haが認証を受けている。

表5.10　1999-2008年　ニューフォレストに関する大臣令

(Minister's Mandate for The New Forest 1999-2008)
　FCが、次のような基本方針に従って、王領地であるニューフォレストを管理する；
１．Natural Heritage　自然遺産
国内的そして世界的に重要な環境の質や地域を増すために、転換と再生の計画を通して、ニューフォレストにおける自然保護の重要性を高めること。これらには、放牧地の森林、ヒース地帯、谷の湿地、草地、湿地帯、川や小川が含まれる。
２．Cultural Heritage　文化遺産
科学的に信頼できる方法によって、開放された放牧地を維持することで、持続的な入会慣行の伝統をサポートすること。
古代遺跡を保護することと、（保護すべき遺跡を）増やすこと。
景観論争には熟考したものを言い渡すこと、そして、何世紀にもわたる森林管理の歴史の実例を保守すること。
３．Public Enjoyment　公共の楽しみ
地域の人々や訪問者のために、自然や文化遺産の保護を基本方針として保ちながら、アクセスやレクリエーションの設備を計画し管理すること。
４．Rural Development　地域開発
木材生産のための林地の管理を含む森林の管理から生まれる雇用や事業機会の提供を通して、持続可能な地域経済に寄与すること。
５．Working Together　共に働く
広範囲な地方の協議会が、原則としてヴァーダラーズ裁判所、諮問委員会、ニューフォレスト委員会を通して、計画過程の一部などに従事するという慣例を維持すること。

FCは、王領地のための管理計画を準備する。それには、これらの基本方針や、次のような管理目標が組み込まれることになっている。
ⅰ　管理の主な目的は、自然と文化遺産の保護
ⅱ　より広い一般参加を通して意思決定をするコミュニティ契約、田園の振

興、アクセスやレクリエーション機会の供給と一般の認知と理解の増加
ⅲ 上記ⅰとⅱの対象と一致し、矛盾のない限りでは、FC施行の有効な管理と、木材生産のための王領地の他の目的での利用による収入の確保

管理計画は、インクロージャー、原始林や風致林、それから、入会権の認められた森林の管理についての施業計画をも含む。これら計画の内容は次に示す。

Plan for the Inclosures　インクロージャーに関する計画
ⅰ インクロージャー内における森の重要な部分は、放牧林地、ヒース地帯、谷間の湿地と、原始のそしてほぼ自然の原生林地をふさわしく修復することで、改良されるだろう。結果、広葉樹と針葉樹間の全体のバランスは、広葉樹のほうへ変えられていく。
ⅱ 広葉樹の林地は針葉樹にかわることはない。
ⅲ 広葉樹地帯の再生は、本来の姿と快適さに重きをおいて管理されるだろう。

Plan for Ancient and Ornamental Woodlands　原始や風致用の森林に関する計画
これらの森林は、現在のように木材生産を行わずに保護されるだろう。伐採は、必要最小限に保たれ、望まない外来種を取り除き、効果的な更新を進め、そして、ユニークな木または木立などに限定する。
イングリッシュネーチャーとの公開協議は、更新基準のプログラムに優先する。

Plan for Open Forest　オープン・フォレストに対する計画
ⅰ 入会権の認められている森林は、入会放牧の利益のために、積極的な管理を続けていく。
ⅱ 植生の、樹齢・構成・分布の幅広い多様性は、イングリッシュネーチャーや他の関心のある団体と協議しながら、全国的に減少している野生生物の数を守るため、調査され維持される。

資料：Forestry Commission（1999）「The New Forest Woodlands」p.50,51 より

年のローテーションで、広葉樹については、200年以上のローテーションで管理されている。

写真 5.2：右の棚内はインクロージャーされた森林、左はオープン・フォレスト

　現在、FC では、森林関連で 100 人以上の雇用があり、それ以外にトラックの運転手、製材所の労働者など、関連の職種で地域に多くの雇用機会を与えている。

　表 5.11 のインクロージャーにおける管理計画でわかるように、今後、フォレストでの木材生産のための植林は減少し、環境保全のために渓畔地域やヒース、湿地の増加（復元）に重点が置かれることになる。

　この他に、1949 年のニューフォレスト法に規定された、第 2 次世界大戦時の木材不足とヴァーダラーズの資金不足を補うために、オープン・フォレストのヒース地帯に植林された約 800ha のヴァーダラーズ・インクロージャーがある。イギリス政府は、国内にある以前ヒース地帯であった 6,000ha を、生物多様性行動計画（UK Biodiversity Action Plan）により 2005 年までに徐々に復元する計画を持ち、最初にヴァーダラーズ・インクロージャー

表 5.11　インクロージャーにおける管理計画（Forest Design Plan）
　　　　―今後は、渓畔、ヒース、湿地の復元が重点に

(ha)

	2002 年	2006 年	2027 年
Conifer 植林地	4,409	3,375	2,336
広葉樹地帯（牧野を含む）	3,105	3,203	3,703
混交林地帯	620	1,046	958
渓畔地域	17	144	347
ヒース、湿地、解放された森林地帯	150	494	992
他のオープン・スペース	217	256	182

資料：2003 年　New Forest Strategy より作成

第5章 イギリス・ニューフォレストの新たな森林管理システム　207

表5.12　1997-2001年度　New Forest Forestry Commission 会計報告
　　　　―キャンプ場とレクリエーションが重要な収入源

（£1,000）

収　入					
	1997/98	1998/99	1999/00	2000/01	2001/02
環境保全、文化遺産、レクリエーション	255	459	659	457	265
キャンプ場	1,632	1,464	1,542	1,435	1,443
森林管理（木材等売却）	1,119	1,589	1,167	1,306	1,069
土地管理	250	247	250	216	307
収入　計	3,187	3,759	3,618	3,414	3,084
支　出					
	1997/98	1998/99	1999/00	2000/01	2001/02
環境保全、文化遺産、レクリエーション	1,594	1,822	2,268	2,100	1,766
キャンプ場	975	922	1,100	1,122	1,181
森林管理（伐採、林道、補修等）	1,206	1,453	1,496	1,441	2,060
土地管理	594	533	412	687	389
支出　計	4,369	4,730	5,277	5,350	5,396
収入－支出	△1,113	△971	△1,659	△1,936	△2,312

資料：The Stewardship Report of 2001/02 on the Forestry Commission's management of the New Forest より作成

の復元に着手する予定であった。しかし、成熟期に近い樹木が多く残されているため、復元のプロセスは遅くなると予想される。植林された樹木は針葉樹なので、早期の皆伐がなければ、植林地のリース（160年間）が終了する2108年まで、2～3の伐期のローテーションを経て生き残る可能性も考えられている。

　表5.12は、1997年から2001年度の5ヵ年間のニューフォレストFCの会計報告である。木材生産については、1998年度だけは黒字であったが、あとは伐採費が売値を上回る赤字である。全体をみると、キャンプ場だけが1995年から2001年度まで黒字となっている。

　2001年度を取り上げてみると、収入の割合が、森林管理（木材生産）が約35％、土地収入が約10％なのに対して、キャンプ場収入約47％、レクリエーション収入と合わせると55％にもなり、FCにとってパブリック・アクセスによる収入が重要なものとなっていることがわかる。

3　入会権者 Stride 家の生活と権利行使

　ここでは、現在の入会権者への聞き取りによって、ニューフォレストの入会権者の生活を知ることにする。また、入会権の行使として放牧されている家畜についてもみていく。

① 　入会権者：Caroline Stride さんへの聞き取り調査[④]

　Stride 家は、夫婦と男の子 3 人の 5 人家族である。形だけの入会権者と区別して、入会利用（commoning）を実践している「practicing commoner」と呼ばれる。

　夫 Richard は、FC で働く事務官である。

　上の 2 人の男の子（24 歳、22 歳）は、FC に職を得られなかったので、個人でコントラクターとして働いている。90％が FC の森林での仕事であり、残り 10％が私有林での柵や薪に関する仕事である。もうひとりの男の子（17 歳）は、農業学校に在学中であるが、卒業後は兄たちと同じ職業に就く予定である。

　聞き取りをした妻の Caroline は、家にいて家畜の世話をしている。

　8 年前から現在の家、フォレストの中にある FC の官舎に住んでいるが、フォレストに隣接したところに、入会権のついた 1.5ha の土地と家、さらに 49ha ほどの土地も持っている。

　家畜は、ポニーが 50 頭以上（慣習で、ポニーの所有頭数は他人に知らせず、売った分だけの税金を払うという）、牛 50 頭、母豚 1 頭・子豚 9 頭、その他ミルク・卵・肉など日常の食料を供給する家畜・家禽も官舎内の農地で飼っている。

　FC の官舎は、インクロージャー内にあり、放牧家畜たちはその外のオープン・フォレストに放牧されているが、ほとんど 3 平方マイルほどしか移動して歩かないという。

[④] 　この聞き取り調査は、2002 年 9 月に Stride 家で行った。

第5章　イギリス・ニューフォレストの新たな森林管理システム　209

　入会権者とヴァーダラーズの関係については、「きわめて良好であり、ヴァーダラーズは自分たちの生活を守ってくれている」と感じている。「欲をいえば、放牧料を取らないでくれると入会権者は助かるのだが、ヴァーダラーズも赤字なのでしかたがない」と思っている。

　入会権者とFCの関係は、FCがあまりにもレクリエーション重視になってきているので、良好とはいえない。さらに、政策の変更が多すぎると感じている。

　ロンドンから車で90分の距離なので、お金持ちや都会からリタイアしてきた人の移住が増えている。そのため土地が高騰し、8エーカーで42万ポンドなどと、地元民にはとても買えない額になってきている。息子たちが独立するときに、入会権のついた土地を買おうとしても高くて買えないのではないかと心配している。

　さらに、ニューフォレストへの観光客の増加で、放牧家畜の交通事故が大きな問題となっている。

　数々の問題があり、入会権者の生活は苦しくなっているが、自分の息子たちはやはり入会権者として生活していってほしいと考えている。

② ポニー

　ニューフォレストに住む入会権者たちは、その権利を900年以上にわたって行使しながら生活してきた。主要な利用は家畜の放牧である。牛やロバも放牧されているが、最も多く放牧されているのはポニーで、それを飼育・販売することを生活の糧としてきた。ニューフォレスト・ポニーは、1970年頃まで、優秀な乗馬用・繁殖用として世界中に輸出されていたが、現在は、ほとんど国内の個人用に販売されている。理由としては、世界的に評価の高かったポニーの体質が弱体化したことで、全盛期1頭300～400ポンドで売れたものが、現在は、若いポニーが30～40ポンド、3歳以上のポニーが100ポンド程度である。これは、からだが弱いと1年中放牧できず、家で飼うと飼料代等経費がかかること、また、1999年のヴァーダラーズ条例で、家畜の健康を厳しく監視し、少しの病気でも放牧できず家で飼育しなければ

ポニー・ブランド（焼印）

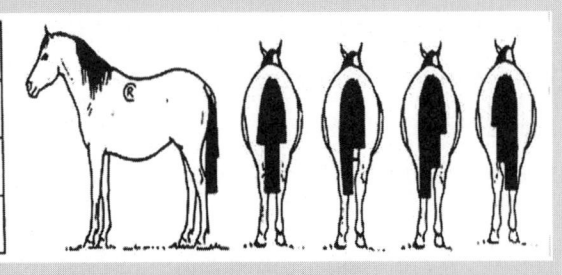

ヴァーダラーズに放牧料を払った証拠として、アジスターズがポニーの尾を独特の形に切る。そして各家の印（ブランド）の焼印を捺す。捺す場所も各家ごとに決まっている。

ニューフォレストには、各家の焼印の形が載った「ブランド・ブック」というのがある。そこには近年新たに整理された562種類の入会権者の印が載っている。その多くには、昔の入会権者番号も同時に書かれていて、1434番まであり、昔の入会権者の多さがうかがわれる。また、すでに持ち主のいない印も260種類ほど載せられている。

ならなくなったため、飼育経費削減のために若いうちに売ってしまう、という悪循環によるものである。したがって、肥育販売を専業としては生活できず、現在はほとんどが兼業である。中には、入会権保持のためにポニーを1頭だけ所有する形だけの入会権者も存在している。

ポニーは、1歳まで母馬と一緒に放牧されるが、2歳になると検査を受け（性格、丈夫さ、毛色―白黒はだめ、黒または白・茶は良い）合格しなければフォレストに放牧することができない。これは、ポニーの質を保つためであり、少産のほうが良いポニーが育つため雄の数を減らし、年に1度2ヵ月間だけ、厳しく選ばれた牡馬だけを放牧する。

ポニーは、健康であれば通年放牧され、夏は草、冬はハリエニシダ、ヒイラギ、ヒースなどを食べる。

2001年の放牧頭数は3,744頭で、ヴァーダラーズに支払うポニーの放牧料は、1頭あたり18ポンドである。

③　牛

第5章　イギリス・ニューフォレストの新たな森林管理システム　211

　牛は、2002年現在1,658頭であるが、これも1995年の3,059頭に比べ半減している。理由としては、狂牛病や口蹄疫の蔓延が考えられる。現在イングランドでは、牛1頭あたり100ポンドの補助金が支給されている。

　牛は、3歳から年1回ブリードし、14歳くらいで売却する。放牧料は牛1頭20ポンドである。

④　豚

　豚の頭数は、1995年に253頭だったのが2001年には71頭と、近年大幅に減少している。豚は、通年放牧することができず、手数がかかることから減少しているものと思われる。しかし、ニューフォレストでの豚の放牧は、フォレストに指定された1079年にまでさかのぼることができ、当時の土地調査においては、「ニューフォレストの価値は豚の頭数で評価されていた[1]」という。

　放牧の時期（pannage season）、つまりドングリなどの木の実が落ちてまだ青い時期に、豚は特殊な鼻輪をつけて他のものを食べたり土を掘り返したりしないようにして放牧される。放牧期間は、その年の木の実の結実のいかんによって決定され、普通は9月中旬から約2ヵ月である。この放牧料は、豚が1シーズンに食べるドングリ代で、現在は、1頭1ポンドである。

4　ヴァーダラーズ裁判システムによる調整

　時代に合わせ変貌を遂げているヴァーダラーズの、中間組織としてのシステムとその調整的内容は、特徴のある裁判システムを捉えることで明らかにすることができる。ここでは、2004年の現地調査に基づいて整理する。

（1）年10回開かれる公開法定

　ヴァーダラーズ裁判所は、8月と12月を除き、年に10回公開法廷を開く。

---

⑤　「公開法廷」、「裁判」という言葉を使うが、これは伝統を重んじる英国的習慣であり、内容は「森林裁判」ではなく、入会権者や地域住民がヴァーダラーズにフォレストにおける様々な問題を訴え、その解決策を見出すための公開の会議である。

212　第5章　イギリス・ニューフォレストの新たな森林管理システム

写真5.3：ヴァーダラーズ裁判所における公開法廷

　それに加え、12月は非公開のヴァーダラーズ委員会がもたれる[5]。2000年までは隔月の開廷であったが、観光客の増加とともに解決に急を要する問題が増えたため開廷日を増やした。

　法廷は、入会権者や地域住民、10名のヴァーダラーズと事務官1名、それにFCの営林署長（Deputy Surveyor）[6]などが出席して開かれ、ヘッド・アジスターの裁判所の伝統に則った開廷宣言で始まる。まず主席ヴァーダラーが、前回までの訴えに対しての回答や解決策について説明。その後、入会権者や地域住民が、フォレストに関する問題でヴァーダラーズによって解決を必要とするものについて口頭陳述を行う。これは、問題となっている事柄を広く公表し、ヴァーダラーズ・メンバーだけでなく、多くの人々にそれを理解してもらい、共に検討する機会となっている。

　その訴えに対しヴァーダラーズは、当日の閉廷後に開かれるヴァーダラーズ会議においてすぐに討議し、必要ならばそれぞれが所属する管轄省庁や議会に持ち帰り、また、その問題に関連する各種機関・保護団体・地域住民などと協議して、基本的には次回の開廷日までに回答の準備や解決を図る。つまりヴァーダラーズは、地域の要求・要請を受け止めて、直接関係機関への働きかけや調整を行うのである。さらに、政府からの政策については、地域住民への周知という役割を持つほか、新しい政策について住民や関係機関と検討し、地域の実

---

[6]　ニューフォレストとディーンフォレストの営林署長をこう呼ぶ。1919年に王室領の管理を代理するため設けられた役職名がFC管理下になっても残されたもので、他の地域の営林署長はForest District Managerである。

情にあった政策への変更を政府に要求することも行っている。

(2) ヴァーダラーズ裁判所議事録にみるニューフォレストの問題点

　ヴァーダラーズ等の調整側面を理解する前提として、地域内での主要問題を、ヴァーダラーズ裁判記録から捉えておこう。

　2004年1年間の議事録を整理した結果、2004年には入会権者から33件、地域住民から1件、入会権者保護協会（Commoners' Defence Association）やパリッシュ・カウンシル（Parish Council）など関係組織から19件など、53件の訴えがあった。その内容は、FCに対するもの16件、EUからの補助金事業（LIFE Ⅲ）⑦について15件、放牧家畜関連12件、農村地域管理スキーム関連4件、その他は国立公園やヴァーダラーズに対するものであった。

　FCに対しては、ほとんどがパブリック・アクセスに関するもので、高収入をもたらすキャンプ場やレクリエーション事業を優先するFCへの不満が多い。例えば、サイクリングマップの不備により観光客が許可されていない入会地を走る問題、オリエンテーリングを許可する際にヴァーダラーズの意見を踏まえるべきだという訴え等である。フォレスト内のキャンプ場の売店でペットボトルの水を売るか否かという問題も、何年にもわたる協議事項である。年間65万人ものキャンパー（第3節の**表5.3**参照）が、水を含め必需品を町まで出て買うことで近隣町村の商店が成り立っている。地域経済を守るためにキャンプ場で水を売ることに反対が多く、この問題はまた継続審議となった。

　EUからの補助金は、EU地域として保護価値の高い湿地や河川の再生のためのものである。環境保全に貢献するものであるが、放牧家畜が湿地にはまったり、河川が氾濫したりと入会農民の生活を脅かす部分も多く、頻繁にEA

---

⑦　「LIFE（L' Instrument financier pour L' environnement）」は、EUの自然保護管理基金。ニューフォレストは1997年から事業を行っており、現在のLIFE Ⅲは、湿地回復を目的とし、FC、EA、ナショナル・トラスト、EN、ハンプシャー州議会、王立鳥類保護協会がプロジェクトを組む。

第 5 章　イギリス・ニューフォレストの新たな森林管理システムなどとの協議・調整が行われている。

引用文献

（1）平松紘『イギリス緑の庶民物語』、明石書店、1999 年、p.88 より

第6節　ニューフォレストの利用をめぐる問題と調整

1　脅かされる入会権

　ヴァーダラーズ裁判所議事録にもみたように、ニューフォレストでは、パブリック・アクセスと入会権の行使との調整が大きな問題である。

　車で訪れる観光客が95％を占めるニューフォレストでは、フェンスのないフォレストに放牧されている家畜の交通事故が多発している。これについては、いち早く1990年に、田園地帯では初めてとなる時速40マイルのスピード制限をするとともに、交通局（Highway Agency）と協議のうえ幹線道路の一部にフェンスをすることなどで対応しているが、交通量は増加し続け、2003年には84頭もの家畜が事故死している（**表5.13**）。さらに、家畜のみならず、FC管轄の野生の鹿も、毎年50〜80頭ほど被害にあっている。

　ヴァーダラーズ公開裁判の中では、毎回、前月の家畜交通事故数が報告されているが、夜間の事故が多いことから、補助金を要求して蛍光首輪の装備を増やしつつある。

　さらに、観光客の増加とともに、都会から田園地帯に移り住む人々の増加も大きな問題となっている。

　表5.14にみるように、ハンプシャー州全体で人口増加が続いており、特にニューフォレストでは都市部から田園地帯へ移住希望が多いことから高い増加率となっている。この人口増加に伴って住宅用地が必要になり、市街

表5.13　2003年の放牧家畜と鹿の交通事故数
―放牧家畜の交通事故死が大きな問題

（頭）

	ポニー	牛	豚	ロバ	計	鹿
放牧数	3477	1762	52	69	5360	
事故死数	74	6	3	1	84	59
怪我数	8	6	1	1	16	

資料：ヴァーダラーズHP　Road Traffic Accident より

表 5.14　人口増加の割合—都市から田園地帯へ移住希望者が増えている

1980年代の人口増加	ハンプシャー州	5%
	ニューフォレスト	12%
市街地における人口増加 1945年と1990年比	イギリス南東部	44%
	ハンプシャー州	53%

資料：New Forest Fact File 9 より作成

地に隣接する放牧地や農地が宅地に転換されるという深刻な問題が起きている。ニューフォレストに住み、近隣の都市に通勤する人、または、別荘や退職後の家を買う「都会のお金持ち」が増加し、土地価格、家価格の高騰を招いて、昔からの住民で地域内に職業をもつ人々が家や土地を買うことができなくなった。

　フォレスト内の伝統的な職業や入会利用は、文化遺産としてだけではなく、ニューフォレスト特有の景観やエコシステムを維持するためにも必要である。ニューフォレスト地方議会策定の Planning policy により、現在は、地元の農業・林業に従事する者のみに新しい住居が許可されている。入会権のついた土地を買う場合には、①近くの住人、②若い人、③入会慣行についての知識がある人、という優先順位がつけられる。また、実際に入会利用を行うこと、それを継続することを、ヴァーダラーズに立証しなくてはならない。ハウジング・トラストによって、新しい入会権者や他の農業者の家の売買を許可する際には、後に公開市場に出すことはできないという条件がつけられており、入会権者など地域の伝統的な職業に従事する地域の人々が家を使い続けられることが保証されるようになっている。

2　口蹄疫への対処

　では、ヴァーダラーズは具体的にどのような調整を行ったのか。口蹄疫発生時を例に、ヴァーダラーズの働きをみてみよう。

　2001年、イギリス各地で口蹄疫[①]が蔓延した。ニューフォレストでは発生

[①]　口蹄疫は、牛・羊・豚など蹄のある動物が罹る病気で、接触・空気感染する。治療法がないため罹ると殺するしか方法がない。

> ### カントリーサイド・歩く権利法と入会権
>
> オープン・アクセス・シンボル
> 人々はこの図が掲げられているところを歩いていい
>
> 　イギリスでは、2000 年にカントリーサイド・歩く権利法（The Countryside and Rights of Way Act 2000、CROW Act）が成立した。これにより、イングランドだけでもこれまで通行権がなかった約 75 万 ha もの地域が一般に開放されることになった。この法律は、一般の人々が、土地所有者のいる私有地をウォーキング、野生生物ウォッチング、登山などのために自由に通行する権利として知られているが、これにはその逆の面、つまり土地所有者の権利や地域環境を守るという側面があることも忘れてはならない。
> 　ニューフォレストでは、2001 年のヴァーダラーズ裁判所公開法廷で、この法の前倒しの発効を要求する訴えが相次いだ。同法は、カントリーサイド・エージェンシーが、アクセス可能な地域やアクセス方法を掲載するマッピング・プログラムにより順次施行されるものであり、長い間、観光客が連れて歩くリードをつけない犬に放牧家畜を追い回されるという被害にあってきた入会権者は、その一刻も早い前倒しの適用を望んだのである。
> 　これにはまた、即、犬所有者グループから、「長年、規則を守って犬を連れ歩いている我々を規制のターゲットにしないで欲しい」という反論が起こり、議論は続くのだが・・・。

してはいなかったが、近くのダートムーアで発生したため、入会農民たちは危機感を持ち、放牧家畜が罹患するのを防ぐためパブリック・アクセスの締め出しを求める意見をヴァーダラーズ裁判所に寄せた。こういう事態が生じたのは、FC が、収入をもたらす観光客重視の姿勢から 132 ヵ所もある駐車場や 10 ヵ所のキャンプ場を閉鎖することなく、むしろ放牧された入会権者の家畜を家に帰すか一定の場所に囲い込む方策に出たためである。それは、放牧入会権の侵害だという訴えである。放牧家畜を囲い込んでも、口蹄疫流行地域からきた観光客や犬が、その菌をつけたまま歩きまわれば、ニューフォレスト地区でも口蹄疫が発生するのは時間の問題であり、即刻フォレストを

閉鎖するべきだ、という意見であった。それに対してFCは、農漁食料省（当時）のリスクアセスメントで安全性が確認されたとして閉鎖に同意しなかった。しかし、ヴァーダラーズとFC、その他関係組織との何度かの協議の末、フォレストのフェンスがないところの駐車場は閉鎖され、パブリック・アクセスは制限された。

図5.4は、2001年9月口蹄疫流行のさなかに筆者が現地調査に訪れた際、駐車場の案内板に貼ってあった注意書きの内容である。これによると、フォレストはすべて開放されており、1週間以内に家畜に触れた人以外は観光客の行動は全く制限されていない。家畜に近づいて餌を与えたりしてはいけないとか、ゴミを残してはいけないなどというのは、この際の特別なコードではなく、普段もそのような注意書きが貼られている。さらに、菌を媒介するかもしれない犬を連れて放牧地を歩くことや、馬を乗り回すことも、禁止されてはいない。また、他の地域では、あらゆるところに靴消毒用のマットが置かれていたが、駐車場にはそれも置かれてはいなかった。

ヴァーダラーズは、同年4月にヴァーダラーズ、全国農業経営者連盟（National Farmers Union）、入会権者保護協会、ナショナル・トラストで構成される「口蹄疫に関するサブ・グループ」をつくった。さらに、このグループに加え、ヴァーダラーズを中心に、この危機に対処するため、国や地域の10組織[2]による「ニューフォレスト口蹄疫連携グループ（The Foot and Mouth Liaison Group）」を構成した。この連携グループは、毎週会合を開いて、そこでの協議結果を直接大臣に伝達した。農漁食料省からは、放牧家畜を移動させるように命令がきたが、それに同意せず、家畜を早急にフォレストに再放牧できるよう、また、入会権者への経済援助をも、連携グループとして

---

[2] ニューフォレスト口蹄疫連携グループは、ヴァーダラーズ、FC、EN、ナショナル・トラスト、ハンプシャー州議会、ニューフォレスト地方議会、ニューフォレスト観光協会、入会権者保護協会、NFC、DEFRAで構成されている。このグループのStrategic Objective2.3には「政府、ローカルコミュニティ、土地所有者、関心のある団体や個人と共に協働する」とある。New Forest Committee Annual Report 2001-02, p.13

第5章　イギリス・ニューフォレストの新たな森林管理システム　219

Continuing Precautions
Against Foot and Mouth
Enjoying the countryside, protecting livestock

Welcome to the Crown Lands of the New Forest which are all open.
There are cattle and other livestock in this area. Pleases take special care to protect them from Foot and Mouth by following this Code;

・If you have handled cattle, sheep, goats or pigs in the last 7 days.
　Please stay off the Forest.
・Do not go near, and never touch, handle or feed livestock (If you come across livestock unexpectedly, move away slowly, it necessary re-trace your route)
・Keep dogs on short leads where there are livestock.
・Do not leave any waste food or litter.
・Stay on the path and leave all gates as you find them.
・Use disinfectant where provided.
・Start your walk or ride with clean equipment, footwear and clothing.

Further information can be found by calling the Forestry Commission on 023 8029 3141 during office hours.
　　　　　　　　　　　　　Forestry Commission

図5.4　ニューフォレスト駐車場の案内板

要望した。
　この口蹄疫流行に先立つ冬は、例年にない湿った気候であり、放牧地は泥の海となり、えさとなる草木が少なく、体調を悪くする家畜が続出して家で飼わなければならない状態であった。そのため飼料代が必要であり、そこへまた口蹄疫による放牧禁止が起こって、入会農民の生活に大きな影響を与えることとなった。これに対しヴァーダラーズは、1,000ポンド分の飼料を買い入会農民たちに無料配布し、国に対して入会農民への経済的援助、ヴァー

> ## カントリーサイド規則（Countryside Code）
>
> **イギリスのカントリーサイド
> 全体に適用される規則**
>
> 　イギリス全土に適用されるカントリーサイド規則については、カントリーサイド・エージェンシーが、リーフレットや名刺判のカードを作成しており、誰でもがカントリーサイドの案内所や売店などで手に入れることができる。
> 　規則は以下の5つである。
> ・安全に計画を立て、標識に従いましょう
> ・門や所有地に行き当たったら、離れましょう
> ・動植物を守り、ゴミは家に持ち帰りましょう
> ・犬は、自分のそばから離さないようにしましょう
> ・ほかの人々のことを考えましょう
> 　筆者は、数年にわたって数多くのカントリーサイドを歩いているが、まだこれらの規則を破った人々に出会ったことはない。

ダラーズへ放牧料の不足分を補助金として要請することとした。民間からは、飼料や現金の寄付も寄せられた。

　しかし、口蹄疫の影響により、かなりの数の入会権者が、彼らが放牧している牛やポニーの数を減らすことを余儀なくされた。放牧家畜の減少は放牧料徴収の減少ともなり、2人のアジスターズを減らさなければならない結果を招き、また、放牧によって保たれているオープン・フォレストの生態系の質にまでも、大きな影響がでることになった。

　口蹄疫の危機が去っても、この連携グループは解散していない。というのは、口蹄疫の流行時、地方・国のレベルでカントリーサイドへのアクセス情報が広く流されたが、その多くが明確でなく、しばしば矛盾したものであっ

たこと、気候の変動や家畜の国際的取引や家畜生産の拡大によって、家畜の病気蔓延の危険性は増加していると思われることから、危機管理と正確な情報発信のためにこれからも連携グループは機能するからである。

　以上みてきたように、ニューフォレストでは、ツーリズムが地域やFCに最大の経済効果をもたらしており、パブリック・アクセスと伝統的入会権の行使との摩擦が大きな問題になっている。そのため、王室領（国有地）を管理しパブリック・アクセスやレクリエーションの設備や管理において地域貢献を担うFCと、パブリック・アクセスによる入会権への侵害から入会権者の生活を守る役割のヴァーダラーズと、政府や地域の政治・経済や環境関連の組織との密接な連携や調整が、地域のバランスのとれた持続可能性を保持するためには、最も必要とされているのである。

3　観光客へのアンケートから

　筆者は2004年に、ニューフォレストの観光客に対して、アンケートを実施した[3]。

　アンケートはニューフォレストを訪れる観光客を対象に、調整の実態を知るため、ここが入会地であることの理解があるのか否か、また、利用にかかわるいわば自由と規制が入会の背景があってのことであるとの理解があるか否か、などについて訊ねた。方法は、観光客100人に直接対面し、その場で調査用紙に記入してもらう方式で行った。したがって、回答率は100％である。

　2004年9月のオフ・ピークとなったウイークディ数日を使い、キャンプ場・駐車場・森林やヒース地帯をウォーキングやサイクリング中の人々をラ

---

[3] 筆者は、観光客へのアンケートと同時に、それと対をなす入会権者へのアンケート調査を行う予定であった。個人情報保護の建前から入会権者の名簿は提供してもらえないが、ヴァーダラーズの事務官が筆者に代わって送付・回収をしてくれる約束であった。しかし、入会権者から選ばれたヴァーダラーズ・メンバーは快諾してくれたものの、公の組織から任命されたヴァーダラーズが「これまでこのような調査を許可したことがなく、前例を作れば今後断ることができなくなる」と反対し、アンケート調査を行うことができなかった。

写真5.4：観光客へのアンケート調査

ンダムに選び記入してもらった。

　筆者のアンケートと同時期に、イギリス・サウス・イースト観光局（Tourism South East、以下TSE）が、3ヵ月をかけて観光客3,838人に対面調査を行った。その結果が、ドラフトではあるが2005年に発表された[4]。その聞き取りには、入会に関する設問がないこと、ホリディ・シーズンを含んだ時期の調査であること、また、サンプル数の大きな違いがあることから比較にはならないが、かかわる設問では参考にしながら以下にみてみよう。

　①**図5.5**は観光客の年齢構成である。

　ホリディ・シーズン後の平日ということもあって、若年層は比較的少なく、熟年層が多かった。アンケートは、年代のバランスをとるよう努力したが、それでも、50歳代以上が67％、日本では働き盛りの50歳代が26％と多いことに驚かされた。TSE調査では、45歳以上の観光客が51％を占めている。

　②居住地からニューフォレストまでの所要時間（**図5.6**）をみると、94％の人が車できており、平均所要時間2時間半、5時間以上（6％）の中には9時間、11時間という回答もあった。スコットランドや遠くはフランス、ベ

---

[4] Tourism South East (2005) A Survey of Recreational Visits to the New Forest National Park — Draft Report — アンケートは、ニューフォレスト62ヵ所で3ヵ月をかけて3,838人に対面で行った調査である。性別は、男47％、女53％。60％が日帰り客でそのうちの35％がニューフォレスト内、25％がその近隣に住んでいる。

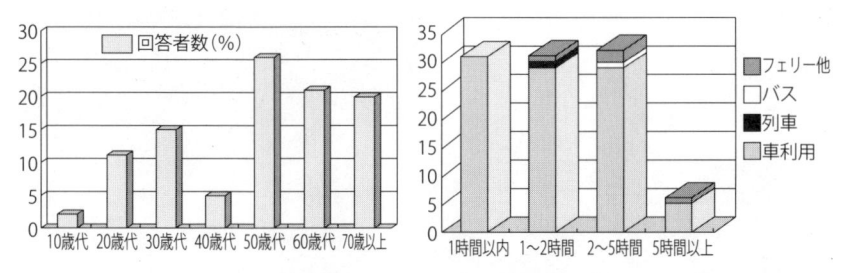

図 5.5 アンケート回答者年代別グラフ―50 歳代が一番多かった

図 5.6 居住地からニューフォレストまでの所要時間―11 時間かけてきた人も

ルギーなど海を隔てた地域からもきていることがうかがわれる。TSE の調査では、2.4％が外国からの観光客であるという結果が出ている。

③これまでの訪問回数を尋ねると、圧倒的にリピーターが多く、76％が 4 回以上、その中でも「数え切れない」「子どものころからずっと」と答えた人が多かった。その中には、所要 6 〜 11 時間の遠隔地からのリピーターも 5％含まれている。

④滞在日数は、4 〜 7 日が 30％、1 週間以上が 35％と、日本では考えられないようなうらやましい数字である（**図 5.7**）。TSE の日帰りを除いた全滞在者の平均滞在日数が 5.4 日であり、キャンプやキャラバンで滞在する人は 5.8 日となっている。

⑤訪問の目的については、7 項目について複数回答で答えてもらった（**図 5.8**）。

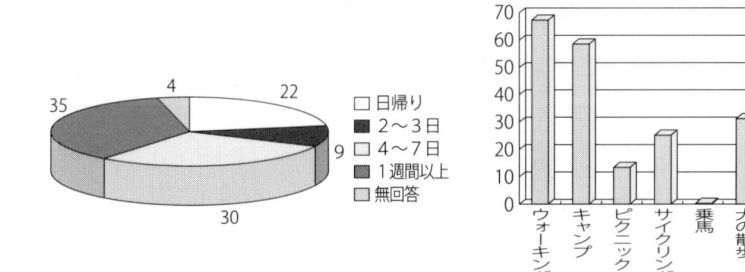

図 5.7 ニューフォレスト滞在日数―1 週間以上滞在が最多

図 5.8 ニューフォレスト訪問目的―ウォーキングが大好き

写真 5.5：入会権のひとつー Pannage Season に森林に放牧された鼻輪を付けた豚

写真 5.6：犬を連れてキャンプのできるサイトも多い

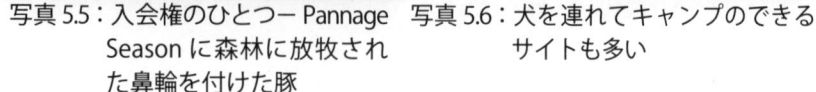

　一番多いのはウォーキング 67％、次いでキャンプ 58％、犬の散歩 31％である。ウォーキングと犬の散歩両方との回答が 36％あり、多くの人々が犬を連れてウォーキングを楽しんでいることがわかる。このことは、入会権者の家畜へのストレスになることや、前述の口蹄疫流行時、まだ発生していなかったニューフォレストに感染地からの車や人の靴そして飼い犬がその菌を持ち込んで蔓延するもとになると恐れられる原因ともなった。

　⑥フォレストを保全し入会権を守るために、ニューフォレストには数々の規制が敷かれている。それらの規則は利用者にとって不便かどうかを尋ねてみた。不便だと感じる人は 28％おり、その 8 割以上はほぼ 2 時間以内の地域に住み、4 回以上多くの回数訪問している。つまり、近くてよく利用する人が規則に不満を持っていることがわかる。

　⑦ニューフォレストの入会権者約 500 人が放牧している家畜は、2004 年に約 6,400 頭余、そのうちポニーは 4,000 頭弱である。この放牧家畜の存在がよいかどうかについての問いには、100％が「この動物たちのいる景観こそがすばらしい」と答えている。

　⑧それでは、その動物に飼い主がいること、さらには入会利用についても知っているかを尋ねると、84％が飼い主の存在を知っており、入会についても 85％が「知っている」と答えている。しかし、それらについて知らなかった人の割合が、子どもたちを連れてくる可能性のある 30 歳代に一番多く、

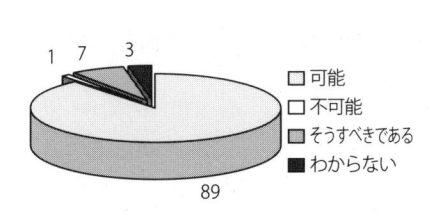

図 5.9　入会権者と観光客の要求は同時に満たされると思うか

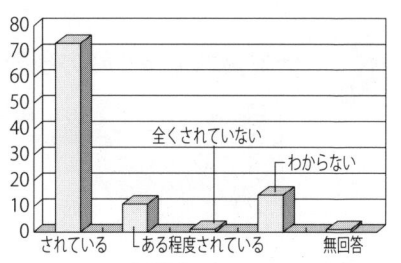

図 5.10　観光客や地域の関係者の考えはニューフォレストの管理に反映されているか

この年代の人たちに、入会について知ってもらうための何らかの方策が必要ではないかと思われる。

⑨入会権者と観光客の要求は同時に満たされると思うか、の問いには、89％が「可能」、7％が「そうすべきである」と答えている（**図 5.9**）。

⑩観光客や多くの関係者の考えはニューフォレストの管理に反映されていると思うかとの問いには、「されている」、「ある程度されている」が84％を占めた（**図 5.10**）。

⑪さらに、その管理に、観光客の意見をもっと反映するべきだと思うかと尋ねてみると、「そうは思わない」という人が38％いた反面、「反映すべき」と答えた人が31％おり、この中には⑥で「管理規則は不便だ」と答えた人が3分の1入っていた（**図 5.11**）。

⑫入会権者や地域の人々の生活を優先すべきだと思うかとの問いには、「そう思う」人が68％おり、入会農民の生活の場に理解はあるが、前述の⑪のよ

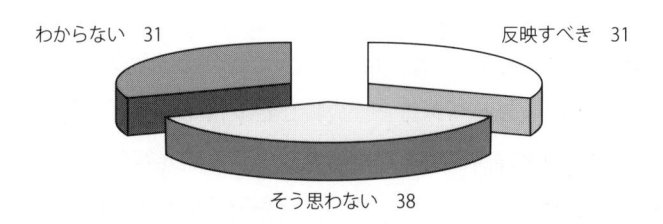

図 5.11　観光客の意見をもっと反映するべきだと思うか

226　第5章　イギリス・ニューフォレストの新たな森林管理システム

犬を連れて歩く時の規則（New Forest Dog Walking Code）

犬を連れてニューフォレスト内を歩く人のためのガイド・リーフレット

　ヴァーダラーズ、入会権者保護協会、犬所有者グループ、FCは、犬を連れ歩く人のためのガイドを作成した。これは、カントリーサイド・歩く権利法施行に伴う規制事項を、ニューフォレストの実情に合わせて作ったものである。放牧家畜や野生動物、また、子供・ピクニックをしている人たちに十分配慮することなど8つのルールを守ることが求められている。
　ここでのモットーは、Conserve（保存）、Protect（保護）、Enjoy（享受）である。

うに、「自分たちの意見ももっと反映させてもらいたい」という意識も同時に存在しているようだ。
　これらのことから、観光客、とくに度々訪れる人々は、自分たちが楽しむその美しいニューフォレストは、地域の人々の伝統的生活があるがゆえに存在するのであり、地域の生活優先でなくてはならないと思いつつも、自分たちがもっと自由に楽しめるような環境を望んでいるということがみえてきた。
　これを入会権者の立場からみると、放牧した家畜を売買して生活をすることが難しい現在、地域経済に大きな貢献をしている観光客の存在はなくてはならないものでありながら、一方でその入会利用を脅かす存在ともなっている。多くの人々に、入会権、入会利用についての正しい知識・情報を提供す

ることは、ますます重要なこととなってきていると思われる。この節の2でみた国の機関や地方議会、そして地域の組織で構成された「口蹄疫連携グループ」は、口蹄疫終息後も解散せずに様々な役割を担うこととしていたが、上記のような入会利用についての理解を求めるための正しい情報発信をも使命としている。

　入会権者を代理するヴァーダラーズや、ヴァーダラーズを含む連携グループのような組織、そして次に述べる地域全体の管理を行うニューフォレスト委員会などのような組織が、地域民の意思や権利を尊重しながら、地域経済に大きく影響するパブリック・アクセスとの共存の道をも模索し、政策的中間組織として機能を果たしていくことは大変重要である。

第7節　ニューフォレスト委員会・同諮問委員会

1　ニューフォレスト委員会の誕生とその役割

　道路交通網の整備や自家用車の増加を背景にパブリック・アクセスが急増したニューフォレスト地区では、新たな調整組織が必要となっていた。1986年にFCから指名を受けたニューフォレスト評価グループが、新しい諮問機関の必要性を提案した。それを受けて1990年に、FCやヴァーダラーズをメンバーとするニューフォレスト遺産地域委員会（New Forest Heritage Area Committee）、のちのニューフォレスト委員会（New Forest Committee、以下NFC）が誕生した。ヴァーダラーズの調整機能を保持しつつ、しかし、それらの機能を上回るような課題に対処するためである。

　この組織の特徴は、議長は、構成組織に属するものの中から選ばれるのではなく、組織からは独立した議長とし、事務所も独立して運営されるところにある。

　NFCは、政府からのニューフォレスト地区に対する国立公園化要請においても、大きな役割を演ずることとなる。1992年、政府は、ニューフォレスト遺産地域を「次世代に残すため特別に保護の必要な地域」として、「国立公園と同等のもの」という指定を行う。イギリスの国立公園制度は、日本と同じ地域制国立公園でありながら、国が直接管理を行うのではなく、各公園に設置された国立公園機関（National Park Authority）に管理権限をもたせているが (1)、それをこのNFCに求めたのである。

　NFCの第一の目的は、今日そして未来のすべての人々のために、フォレストが保護されつづけることを保証することであり、CA、EN、EA、FC、ハンプシャー州議会、ウィルトシャー州議会、ニューフォレスト地区議会、ソールズベリー地区議会、そしてヴァーダラーズの9法定組織（statutory bodies）からなる自発的な調整組織（voluntary co-ordinating body）として、

政策とニューフォレストの管理・利用の調整を図ることである。

構成組織それぞれについては、**表 5.15** に整理する役割を期待されている。

具体的には、①入会権行使にかかわる争議について、構成組織が一緒になって対処する、②ニューフォレスト遺産地域の広範囲な問題について、対策を講ずる、③特定の領域に資金を提供し、限定的な計画を展開する、④ニューフォレスト諮問委員会（NFCP）を通して、地域の人々と連携し、一緒に話し合う、⑤地方の政策だけではなく、国やヨーロッパの政策にまで関与する、のである。

NFC の財務報告をみると（**表 5.16**）、1990 年設立当初は各組織等分の負担金であったのが、その後の展開の中でそれぞれの役割に応じて加減されている。2001 年に政府から国立公園指定命令が出された後、それを担当する CA の負担割合がとくに多くなっている。なお、ヴァーダラーズの収入は放

表 5.15　ニューフォレスト委員会構成組織とその役割

Countryside Agency（カントリーサイド・エージェンシー）
・景観の保護と、田園地帯へのアクセスの機会を推し進める。
・保護地域に、全国的な争点についてアドバイスする。
・田園地帯の管理の論争点についてアドバイスする。
English Nature（イングリッシュネーチャー）
・生態学的な理解の増進につとめる。
・特別保護地域や他の国際的・国内的に重要な地域の管理の取り締まりをする。
・保護政策の展開。
Environment Agency（環境エージェンシー）
以下のことをとおして環境の保護と改善を行う
・氾濫の警戒と防止
・公害の防止とコントロール
・水資源と漁業の管理
・保全地区設定と生物多様性向上の奨励
Forestry Commission（森林委員会）

- 王室領の管理
- レクリエーションの管理
- 土地と保全林の管理
- 森林管理と体制づくりのための助成金や認可のためのアドバイスをする。

Hampshire County Council, Wiltshire County Council（ハンプシャー州議会、ウイルトシャー州議会）
- 戦略的計画
- 交通機関
- 公衆の歩く権利
- 田園地帯のレクリエーション

New Forest District Council, Salisbury District Council（ニューフォレスト地区議会ソールズベリー地区議会）
- 地域計画
- 開発のコントロール
- 地域貢献
- ツーリズム管理

Verderers of the New Forest（ヴァーダラーズ）
　以下に対する法定の、また、司法上の責任
- Commoning（入会利用）と家畜の健康についての管理
- オープン・フォレストの管理と放牧の調整

資料：Strategy for the New Forest（2003）より

牧料と補助金しかないので、負担金は求められていない。

　NFCは、2ヵ月に一度公開の会議を開き、地域の保全・管理に関して討議を行い、それぞれの議題についてその場で回答を出せるものは結論を出し、検討を要するものについては担当者を指名し継続審議とする。国の政策に対しては、FCだけが国家機関であるため、その協議に口出しをできないことになっている。さらに、この会議では15分間の一般参加の時間（Public Participation）が用意され、保全管理に意見のある住民だれもが意見を述べる機会が与えられている。

表5.16 ニューフォレスト委員会財務報告（2001年度）

収　入（£）		支　出（£）	
組織	負担金	雇用	
Countryside Agency	44,845	スタッフ費用	155,514
Environment Agency	11,173	議長	2,500
English Nature	22,667	研修、旅費費用	2,710
Forestry Commission	22,667	小計	160,724
Hampshire County Council	22,667	諸経費	
New Forest District Council	22,667	施設費（賃貸料含む）	7,091
Salisbury District Council	11,173	事務経費（郵便代、設備、事務用品含む）	6,430
Wiltshire County Council	11,173		
		電話・FAX	1,787
Forest Friendly Farming Contributions	47,604	小計	15,308
Dibden Bay project special contributions	17,875	文書類小計	18,973
Grant from EU (LIFE project)	4,624	調査とモニタリング小計	44,130
合計	239,135	合計	239,135

資料：New Forest Committee Annual Report 2001-02 より作成

2　政策と地域ニーズを受け止めるニューフォレスト管理計画

　ニューフォレスト遺産地域については、5年ごとに、管理計画（Strategy for the New Forest）が策定され、それに基づいて管理される。この管理計画の目的は、次の4つ——①調整と革新的な政策や行動を通して、フォレストのビジョンを促進し目的を達するため、地域社会、法定の組織、土地管理者、レクリエーション利用者、事業者や他の利害関係団体が、共に協力して働くこと。②フォレストのユニークな環境、とくに、景観、文化的遺産、野生生物等の特別な価値を保護し質を高めること。③フォレストの特別な性格を維持していくことで、地域の社会的・経済的安寧をサポートすること。④レクリエーション利用によっても被害を受けることなく、フォレストの特別な価値を、誰もが理解し楽しむことができるようにすること、である。

　1996年に初めての管理計画がつくられ、現在、2003年策定の管理計画にしたがって管理されている。その内容は、自然保護、景観、文化遺産、農業と入会慣行、計画、交通、レクリエーション等多方面にわたるものである。

そのため、管理計画の策定には、策定予定時を超えて2年以上にわたって、地域内外の国際的展望までを見据えられる組織や人々がかかわってきた。

具体的には、NFCとの連携組織、すでに活動しているワーキング・グループ、アクセスや交通問題に関する機関などがベースとなった。さらに、口蹄疫連携グループのような組織や、外部からの補助金を受けた「LIFE」や「LEADER+」[①]を含むプロジェクトなどは、特別な関心事について発言するために参加している。地域ベースの組織等は、地域に承認権や優先権のある事柄について行動するために参加している。また、コミュニティプランの実現とかかわっては、州や地方自治区レベルにおいて、行政各部門が一体となって取り組んでいる。

管理計画の改訂の主要な目的のひとつは、法定組織各々の役割を超えて、広範囲の組織やコミュニティが、それぞれの問題を持ち寄って全体計画に位置づけることで解決を図ることである。このプロセスは、管理計画評価グループ（93組織、64名の個人－農業、入会利用関係者、環境組織、コミュニティやボランタリーな部門のグループ、法定組織など利害関係者）によって主導され、多様な会議がもたれた。

こうして、法定組織との公式の協議会や集会から、あらゆる社会的地位の一般の人々との非公式な討論まで、検討のための様々な集会が開かれ、新しい管理計画が策定されたのである。広範囲の人々から寄せられた900通におよぶパブリック・コメントも本文中に生かされており、多くの人々の意見を取り入れた結果として、その内容は、専門用語を使わず、誰にでも理解できるものとなっている。策定された管理計画は、地域の関係機関と政府機関のワーク・プログラムを通して実行に移される。同時に、その課題について地域に根ざした団体の同意や協力も受ける。

図5.12は、管理計画策定実行手段を図に表したものである。この策定と実行のメカニズムを管理計画本文から抜き出してみると、次のとおりであ

[①]「LEADER+（Liasons Entre Actions de Development de l' Economie Rurale)」は、1992年に開始された、EUの農村地域の活性化のための助成事業

第5章　イギリス・ニューフォレストの新たな森林管理システム　233

```
        ┌─────────────────────────┐
        │ Strategy for the New Forest │
        │ Forest の保全に関する政策と行動 │
        └─────────────────────────┘
                    ↕
┌──────────┐   ┌─────────────────┐   ┌──────────┐
│他の関連協 │   │Strategy Stakeholder│   │New Forest│
│力者との密 │   │    Workshop     │   │Consultative│
│接な連絡   │   │今日までおよび将来に優先すべき│   │Panel      │
│          │   │合意事項の検討作業を行う│   │Forest 保全関│
└──────────┘   └─────────────────┘   │係者が組織す│
                    ↑↑↑↑            │る諮問フォー│
                  ○ ○ ○ ○            │ラム       │
                  ┌─────────────┐    └──────────┘
                  │Strategy Working Groups*│
                  └─────────────┘
                        ↕
        ┌─────────────────────────┐
        │   New Forest Committee    │
        │ Strategy の実施にあたっての調整 │
        └─────────────────────────┘
```

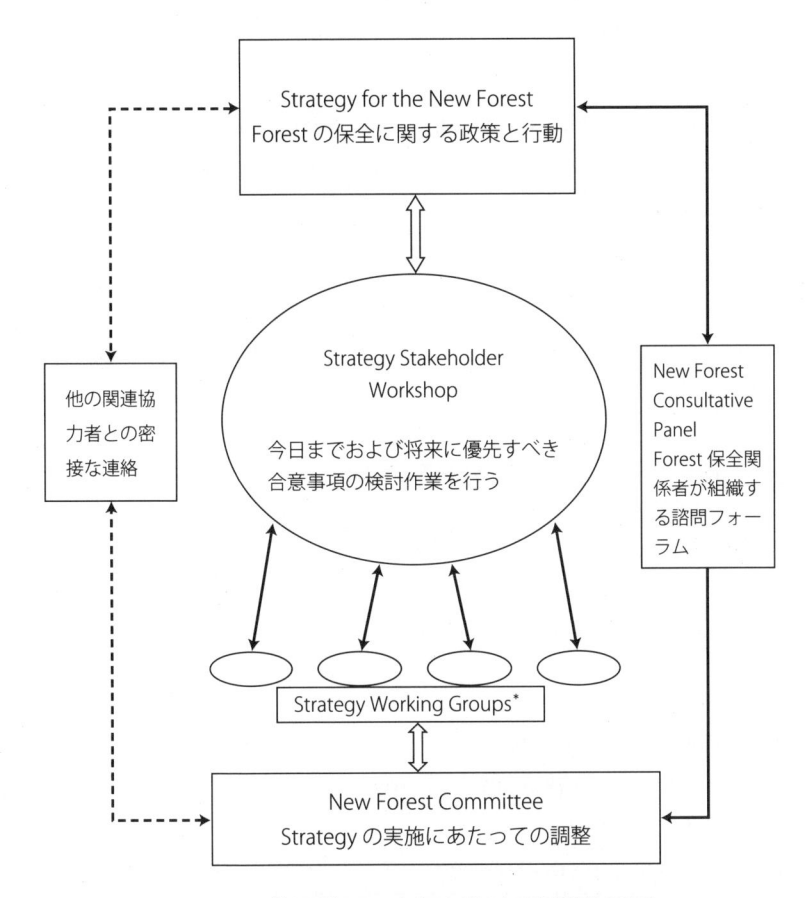

図 5.12　管理計画の実行を助ける運営体系図

＊Working Groups：New Forest Committee によって召集された、法定または非法定の組織関係者を含む協力者たち。Annual Work Plan の概要作成、優先事項の提案と進捗状況報告を行う
資料：New Forest Committee Working Draft For Consultation より作成

る。「Working group はニューフォレストすべての地域における、地域に関連したあらゆる法定・非法定の組織（地域開発、レクリエーション、保全、計画、連携）で構成されている。Working group が効果的なものとなるには、比較的小さいサイズに留まることが重要である。しかし、それにもかかわらず、地方や国の大変大きな関係者の代理となることができるべきである。Working group の要求や提案は、すべての関係団体や個人を集めた毎年の

Stakeholder Workshopにおいて議論され、優先事項や目標を決める。その際適切なWorking Group同士が結びついて行動する場合もある。優先事項や目標は次の年のStakeholder Workshopで再検討され、進捗状況を査定される。このプロセスによって大きな説明責任と透明性を確保することができる。」

この新しい管理計画の範囲は、それまでのニューフォレスト遺産地域の境界内だけでなく、2002年の国立公園指定命令で定められた境界線内をカバーするものであり、ニューフォレストが国立公園となり、国立公園機関が設立された場合に暫定的なニューフォレスト国立公園管理計画として使われることを見込んだものとなっている。

3　ニューフォレスト管理計画の内容

2003年策定のニューフォレスト管理計画は、「ニューフォレストのビジョン」として、以下の6章からなっている。

第1章	Introduction
第2章	Working Together
第3章	Conserving the Forest
第4章	Living and Working in the Forest
第5章	Enjoying the Forest
第6章	Implementing the Strategy

ここでは、第5章のEnjoying the Forestの2節Managing RecreationのIntroduction、Issues、Proposals、Partnersの4項目からなる内容についてみていく。

この2節「レクリエーション管理」の目的は、「フォレストの特別な価値がダメージを受けないよう保証すると同時に、平静さを保ち、人々の楽しみのために責任を持つというレクリエーション管理を、フォレストとそれと隣接する地域において調整しながら行っていく」ことである。

Introductionにおける、フォレストのレクリエーション利用の概要を要約すると、次のようなことが書かれている。

第5章　イギリス・ニューフォレストの新たな森林管理システム

　ニューフォレストの、平和で、失われていない田園地帯の静けさを楽しむためにやってくる人々の75％、約1,800万人が地域の人々である。ここでは、野生生物と、ヒース・原始の森・自由に放牧されたポニーや、海岸線・河の入り江、細い路地、生垣、囲い込まれた村などを楽しむことができる。さらに町や村には、マーケット・ショッピング施設・レストラン・歴史的建造物・有名な観光客用アトラクションも用意されている。
　フォレストから90分以内の距離に限定しても1,500万人が住んでおり、そこからおよそ週1度くらいの割合で人々がやってきて、ニューフォレストにおいて長い歴史を持っている非公式なレクリエーションであるウォーキングや乗馬を楽しむ。地域の人々は他に、犬の散歩、サイクリング、ピクニックなどを楽しむが、長い休暇を楽しむためにくる人々は、キャンプやサイクリングを好む。また最近では、バードウオッチングも増加傾向にある。さらに、フォレスト内の野生生物や歴史的なものを楽しむ人たちもいる。
　スポーツの設備も多く、地域の人々は、フォレスト内にある8つのゴルフコース、クリケットやサッカー・クラブ、ポロやアーチェリーを楽しむ。インドア・スポーツでは、水泳プールやフィットネス・トレーニング場もある。海岸には、23,000艘が係留できるヨットハーバーがあり、ウインド・サーフィン、水上スキー、手漕ぎのボートなどを楽しむことができる。
　今後も、この特別な性格をもつフォレストに、近代的都市生活のストレスから逃げ出してきた人々が増え続けることは疑いようがない。すでに、ビジターには平穏なフォレストでの楽しみを提供し、文化的な理解やその価値を尊重する気持ちを起こさせること、そしてレクリエーション利用によるダメージを最小限に抑える、という目的は相当程度達成してきていると思われる。さらに、あらゆるレクリエーション管理を、レクリエーションの大きな利用者である地域住民の協力によって確立することが重要である。
　フォレストの野生生物の特色、文化的な景観、自然保護の価値それからオープン・アクセスはぜひとも守らなくてはいけない。同時に、楽しみにやってくる人々の体験の質をも維持しなければならない。(2)

これを受けて Issues（論点）では、以下の 14 項目について具体的な問題点を掲げ、次の Proposals で解決案を示している。

レクリエーションについての戦略的計画	⇒フォレスト全体に加え周辺地域をカバーすること、将来のレクリエーションニーズとフォレストの価値を守ることを考慮に入れた戦略をつくる
レクリエーション管理の調整	⇒現存するサービスを提供しながら、フォレスト全体のための調整された田園管理行政を展開する
ウォーキング，サイクリング，改善されたアクセスの促進	⇒レクリエーション用のフットパスや自転車道を、広いフットパスや自転車道とネットワークさせ、アクセスのチャンネル拡大をする
乗馬	
犬の散歩	⇒フォレストにおける歩く権利法改良計画の展開
不適当なレクリエーションの取り締まり	⇒大規模な観光用アトラクションの開発を規制する地域政策実行のため、共通の基準を協議して決める
観光客による圧迫についての管理	⇒フォレストの利用方法を左右するフォレスト規約をつくり、それを推進する
駐車場	⇒交通量・駐車場のサイズ・設置場所などを含む観光客管理手法を用いて、過度の利用や、傷つきやすい地域、特に守らなければならない人里はなれた地域へのレクリエーションによる圧力を規制する
人里離れた地域	
交通管理	
キャンプサイトの場所	⇒キャンプサイトにおけるレクリエーション利用・経済利益・環境影響力をモニタリングする。フォレストの特別な価値をこわさないことを保証する適正な立地とデザインについての戦略に同意すること
観光客のために選択すべき田園の地域	⇒観光客による圧力を軽減する以外に、田園地域のレクリエーションのための新しいサイトを開発し、また、代わりになるものとして、現存する地方公園などの利用を奨励する
利用団体との協働	⇒別々のレクリエーション事業のために、地域利用団体やレクリエーション提供者は、責任ある経営と適正な位置設定のための規約に同意する
今後の調査	⇒田園管理者とツーリズム提供者との協議会において、観光客数、利用形態、満足度についてのモニタリングを連携して行う 有害な影響を予知し、解決方法を知らせるために、フォレストの環境面における観光客利用の影響を調査し続ける

それぞれの節における問題点について、連携して対処すべき組織名が、節の最後に記されている。この「レクリエーション管理」の節においては、次の組織が連携し調整しあって対処することになっている。

第5章　イギリス・ニューフォレストの新たな森林管理システム　237

> Commoners Defence Association, Country Land and Business Association, Countryside Agency, English Heritage, English Nature, Forestry Commission, local authorities, local communities and businesses, National Farmers Union, National Trust, New Forest Access Forum, New Forest Association, New Forest Cyclists, New Forest Dog Owners Group, New Forest Equestrian Association, New Forest Tourism Association, parish and town council, police, private landowners/managers, Ramblers Association, user groups, Verderers of the New Forest, Wildlife Trusts

　上記のような、連携して問題解決にあたる組織は、すでにNFCの連携グループとして構成されている組織のほか、アクセスや交通の公道関係の機関のような関連組織によっても問題解決が進められる。さらに、口蹄疫に対処する連携グループのように、特定の出来事に取り組むためパートナーシップを組む場合や、EUの基金によるLIFEプロジェクトのように、外部からの基金による事業を実行するために組織される場合もある。NFCのメンバーを含むフォレストに関連をもつ多くの法定組織は、管理計画に記載されている事柄についての責任を負う。管理計画において提議されている問題については、地域の関係機関と政府機関によるワーク・プログラムを通して実行に移される。実行のためには同時に、Forest Friendly Farming Local Action Groupや地域観光関連グループ、村のボランティアグループのような地域に根ざした団体の同意や協力をも受けて行うとしている。

4　ニューフォレスト諮問委員会

　ニューフォレストには、NFC設立以前の1974年にまず12組織構成で始められたニューフォレスト諮問委員会（New Forest Consultative Panel 以下、NFCP）がある。この組織は、FCがフォレストの管理とレクリエーション利用についての意見を聞く場として設立したのであるが、フォレストにおける問題が多様化するにつれ関連構成組織の数が増え、FCのための諮問組織ではなく、NFCのもとで地域の世論を代表する機関として機能するようになった。

238　第5章　イギリス・ニューフォレストの新たな森林管理システム

＊設立当初は FC の諮問機関

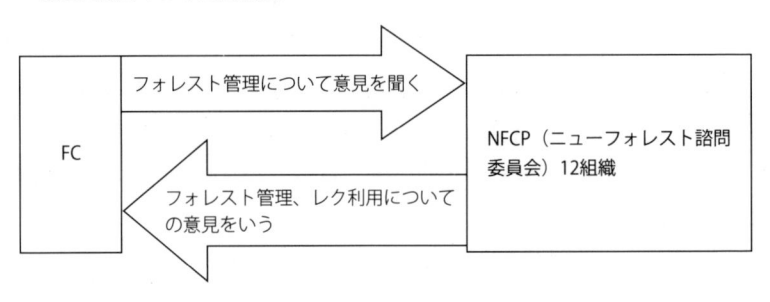

[図：FC と NFCP（ニューフォレスト諮問委員会）12組織の関係。FC → NFCP「フォレスト管理について意見を聞く」、NFCP → FC「フォレスト管理、レク利用についての意見をいう」]

＊現在は NFC の諮問機関

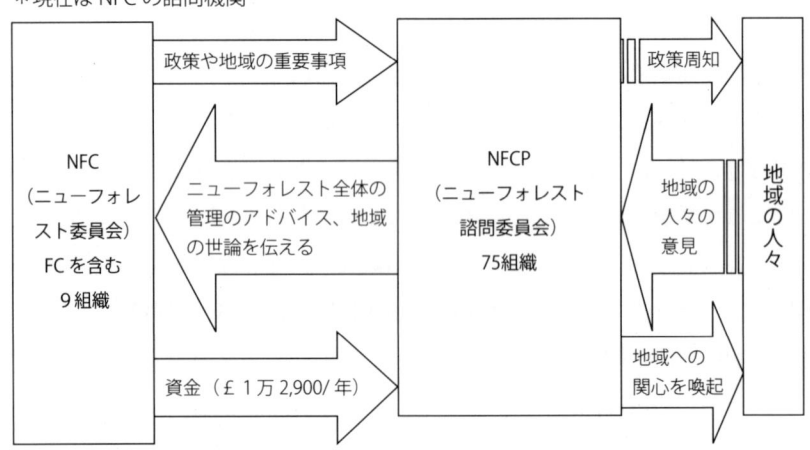

[図：NFC（ニューフォレスト委員会）FC を含む 9組織、NFCP（ニューフォレスト諮問委員会）75組織、地域の人々の関係。NFC → NFCP「政策や地域の重要事項」、NFCP → NFC「ニューフォレスト全体の管理のアドバイス、地域の世論を伝える」、NFC → NFCP「資金（£1万2,900/年）」、NFCP → 地域の人々「政策周知」、地域の人々 → NFCP「地域の人々の意見」、NFCP → 地域の人々「地域への関心を喚起」]

図 5.13　ニューフォレスト諮問委員会の役割

　NFCP は現在、ニューフォレスト地区のコミュニティやレクリエーション・環境グループ、また、土地管理や自治体などを代理する任意または公の 70 以上の組織で構成され、この地域の環境保全関連の論争点について考える重要なフォーラムとなっている。
　その役割は、地域の人々の関心を喚起することを含め、フォレストの将来の管理に影響を及ぼすような事項に対して協議・合意し、NFC に対してアドバイスする。そのアドバイスは、NFC の会議において反映される仕組みに

第5章 イギリス・ニューフォレストの新たな森林管理システム

なっている。このように、地域の世論の平均的考え方をNFCに提供し、また、NFCや他の法定組織によって話し合われた事柄を地域に周知する中間組織としての役割を担っているのである。

NFCPの役割を具体的にみると、次のとおりである。

① ニューフォレストの保全にかかわることについて、定期的に公開で議論を行う。

② ニューフォレストの保全に影響を及ぼすような論点についての発言を聞いたり、文書の提出を求める。

③ NFCやフォレストについて権限を持つ法定組織のために、相談役や諮問機関として行動する。さらに、今後フォレストの管理や保全にかかわる同様の組織に同じような役割を果たすことを要求する。

④ NFCPが、特別な懸念や緊急性を感じた事柄については、必要と考えられたときに、フォレストにおける法定組織の注意を喚起する目的で、事前に対策を講じること。

⑤ フォレストの保全に関心のあるコミュニティやすべての組織の考え方をより効果的に代理するために、NFCPは、メンバー組織やより広いコミュニティとの良好な双方向の連絡を推進し維持する。

議長は、NFCと同じ人物が務めることになっている。NFCは、このNFCPを資金面と管理面でサポートしている。2001年のNFCの財務表から資金出資分をみると、支出の約6％、1万2,900ポンドほどである(3)。

2ヵ月に1度、全連携組織から代表が1人ずつ出席する会議を開催する。これは公開であり、個人や報道機関も出席できるが傍聴のみで発言の場は与えられず、組織代表者も個人の意見を言うことは許されない。確かに、70以上の組織代表が出席して発言するとすれば、個人の意見までを聞いていれば収拾がつかないであろう。

会議は、次のような手順で行われる。

なお、一度却下された議事については、6ヵ月間は再提出することはできない。

> 1、議長の挨拶
> 2、欠席者の報告
> 3、前会議の議事録の承認
> 4、以前の会議で提起された問題（議長が主要な議事項目であると判断したものを除いたもの）。それについて、法定組織からの返答がある。
> 5、議事日程に明記された事項について議論
> 6、その他の議事（事前に通知し、メンバーが書類等を提出したもの）
> 7、諮問委員会メンバーからの、議長の裁量を求める項目
> 8、次回の会議の案内

以下に、2001年の議事録から重要な項目をあげてみる。

> ・口蹄疫について：NFCPでは、口蹄疫のニューフォレストへの感染予防に携わっている関連組織から、定期的に状況についての情報を得ることにした。
> ・国立公園について：ニューフォレスト国立公園命令が出されているので、Association of National Park Communitiesの議長をNFCPの会議に招いて、国立公園における生活や労働について彼の意見を聞いた。また、NFCから、国立公園境界線等についての事情説明を受けた。
> ・Dibden Bay計画：NFCPでは、定期的にDibden Bayについて、一般市民の意見の収集と計画の進捗状況についての情報を得ることにしている。
> ・王室領について：FCから提出された王室領管理計画などについて、特別NFCPツアーを行って現地でFCから進捗状況などの説明を受けた。それを踏まえた意見をFCに回答した。
> ・New Forest Transportation Strategy Review：ハンプシャー州議会から、このStrategyの再検討について、NFCPの助言を求めてきた。

　これらの項目からも、NFCPが地域の広範囲な事柄について目配りをし、協議していることがわかる。

引用文献

（1）　土屋俊幸「イングランド、ウェールズにおける国立公園制度の展開と公園管

理におけるスティクホルダー」文部科学省科学研究費補助金研究成果報告書、岡田秀二代表『イギリスにおける環境・景観重視の森林政策と認証・ラベリング制度に関する研究』、2002年、p.64-65
（2）「Strategy for the New Forest-Conserving the Forest's Special Character-」、The New forest Committee, p.112
（3）New Forest Committee Annual Report 2001-02「New Forest Committee Financial Statement for 2001/2002」より

表 5.27　ニューフォレスト諮問委員会構成組織

環境・レクリエーション・スポーツ・土地管理・ボランティア組織 (33 組織)
Agricultural and Workers' National Trade Group
British Horse Society
Camping and Caravanning Club
Caravan Club Ltd
Council for the Protection of Rural England
Countryside Agency
English Heritage
English Nature
Environment Agency
Forestry Commission
Hampshire Council for Voluntary Youth Services
Hampshire and Isle of Wight Wildlife Trust
Hampshire Federation of Women's Institutes
Hampshire Field Club and Archaeological Society
Institute of Chartered Foresters
Department of the Environment, Food and Rural Affairs
National Farmers' Union
National Trust
New Forest Association
New Forest Beagles
New Forest Commoners' Defence Association
New Forest Equestrian Association
New Forest Friends of the Earth
New Forest Hounds
New Forest Off-Road Cyclists
New Forest Pony Breeding and Cattle Society
New Forest Tourism Association
New Forest Village Shops Association
Ramblers' Association
Royal Forestry Society of England, Wales and Northern Ireland
Royal Society for the Protection of Cruelty to Animals
Verderers of the New Forest
Youth Hostels' Association

第5章 イギリス・ニューフォレストの新たな森林管理システム 243

教区・町・ディストリクト・州議会（42組織）	
Ashurst and Colbury Parish Council	Salisbury District Council
Beaulieu Parish Council	Sopley Parish Council
Boldre Parish Council	Sway Parish Council
Bramshaw Parish Council	Test Valley Borough Council
Bransgore Parish Council	Totton and Eling Town Council
Breamore Parish Council	Wellow Parish Council
Brockenhurst Parish Council	Whiteparish Parish Council
Burley Parish Council	Wiltshre County Council
Copythorne Parish Council	Woodgreen Parish Council
Denny Lodge Parish Council	
East Boldre Parish Council	
Ellingham Parish Council	
Exbury and Lepe Parish Council	
Fawley Parish Council	
Fordingbridge Town Council	
Godshill Parish Council	
Hale Parish Council	
Hampshire County Council	
Hordle Parish Council	
Hyde Parish Council	
Hythe and Dibden Parish Council	
Landford Parish Council	
Lymington and Pennington Town Council	
Lyndhurst Parish Council	
Marchwood Parish Council	
Melchett Park and Plaitford Parish Council	
Minstead Parish Council	
Netley Marsh Parish Council	
New Forest District Council	
New Milton Town Council	
Redlynch Parish Council	
Ringwood town Council	
Romsey Extra Parish Council	

第8節　日本が学ぶべきもの
－重層的な政策的中間組織のあり方－

　以上みてきたように、ニューフォレストでは、森林や自然環境に対する時代時代の要請や地域の実情にあわせて、すでにある組織を必要な形に構成しなおしたり、あるいは、地域の保全管理のために、地域のみならず国内外の政策を受け止める組織を新設したりしてきた。それら組織が重層的に国や地域住民の間に立って、①土地保全については、その時々で所有者や利用者が目的とする生産や利用にあわせた保全方法を検討し、②入会権者の権利保全では、歴史的権利を尊重しながら、増加しつつある観光客や都市からの移住者との共存の道を模索し、③地域経済へ大きく影響するパブリック・アクセスからの要求には、地域をまず優先すること①、そして観光客にはその景観や文化を理解したうえで利用してもらえるような調整機能を政策と地域の間に立って果たしているのである。

　ニューフォレストの調整組織について具体的に振り返ると、まず、ヴァーダラーズ組織は、政府組織や地方自治体そして入会農民の代表者で組織されている。そして、ニューフォレスト委員会では、そのヴァーダラーズとその構成組織である政府や地方自治体が構成メンバーの一角をなしている。さらに、ニューフォレスト地区のあらゆるボランタリー組織やNFCを構成する組織を含む、多くの法定組織が参加するニューフォレスト諮問委員会がある。それぞれの組織に他の組織がメンバーとして加わりながら地域のあらゆる事柄に対処できるように構成されている。まるで入れ子のような状態である。それぞれが開く会議では、地域の人々の懸念や関心事がその場で協議され、時を置かずに解決策を見出すよう工夫されている。多くの政府組織が加わっていることから、地方のみならず国やEUレベルの政策にも直接影響を与え

---

① 　ニューフォレスト管理計画の理念は、「フォレストを第一に（Forest First）」である。

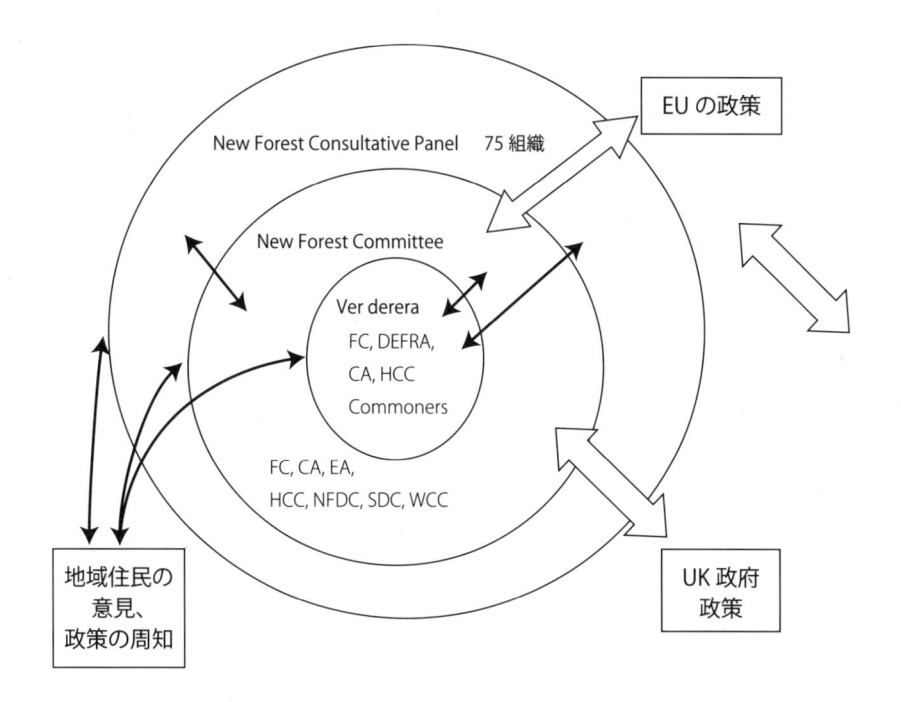

第5章　イギリス・ニューフォレストの新たな森林管理システム　245

図5.14　ニューフォレストの政策的中間組織
資料：筆者作成

ることが可能であるし、反対に、政府の側からの政策の浸透にも役立つことができる。あらゆる政策が住民の目の届く・手の届く・声の届く範囲で議論されているのである。

　また、ニューフォレスト管理計画の策定や実施過程には、学ぶべき点が多くある。地域の管理計画は、地域住民の手で作られるのが理想である。しかし、実際には名目だけの協議会などで通りいっぺんの審議をして策定されてはいないであろうか。ニューフォレストでは、公式ではない地域住民の集会なども重視し、様々な形の会議や集会を持ってきた。パブリック・コメントの多さは、住民の関心の表れである。策定までの期間も限定されていたにもかかわらず、期限を延長してまで議論を重ねた。ゴールをまず決めて、それに合わせて審議をする、というような政策策定ではなかったのである。

先に触れたように、ニューフォレストは2005年3月に国立公園となった。2002年に指定命令が出されてから3年間、地域住民は、他の国立公園と同じ国内画一的基準での管理に危機感を抱き、これまでどおり地域住民の手で作成した管理計画によってNFCが管理することを主張し続けた。政府組織との公聴会や討論会を重ね、NFCやヴァーダラーズは、地域住民や入会権者の意向を国立公園管理に反映させるべく、関係組織との調整を行ってきた。結果的には国立公園管理機関（National Park Authority）による全国基準での管理を受け入れたものの、当面はNFCの管理計画を使い、管理主体となるニューフォレスト国立公園管理機関のメンバーには、NFCのスタッフが多く加わり主導することになった[②]。ヴァーダラーズは当初、国立公園機関のメンバーにヴァーダラーズも加えるよう要求していたが、現在は、国立公園機関から任命のヴァーダラーを受け入れるべく、任命基準の変更を予定している[③]。

　社会的共通資本ともいわれる森林や環境の管理、新しい政策の策定においては、多様な利害関係者の意見を反映し、意思決定過程の透明性を高めることはもちろん、さらに、新しい状況に応じた政策ツールの開発や、既存の政策ツールの改良・適用範囲の拡大を行って、時代の要請や地域の実情にあった管理や政策の策定を行うことが必要である。

[②] 2005年3月1日に国立公園となったが、同年4月1日から2006年4月1日までを、新たに設立されたニューフォレスト国立公園機関がNFCから管理を引き継ぐ移行期（transitional period）としている。その後、NFCは解散する。（New Forest Committee「The future of the New Forest Committee − To Agree the Way Forward」 http://www.newforestcommittee.org.uk/downloads/NFC-future.doc（2005年7月2日ダウンロード）

[③] 2006年のニューフォレスト国立公園管理機関のメンバーは、州市町村レベル議会から選出12名、教区議会から選出4名、国務大臣任命6名の22名である。土屋の研究によると、メンバーの人数は国務大臣が決定する。7割以上が地域の住民代表で構成される。土屋俊幸「イングランド、ウェールズにおける国立公園制度の展開と公園管理におけるスティクホルダー」、岡田秀二代表『イギリスにおける環境・景観重視の森林政策と認証・ラベリング制度に関する研究』2002年、p.53

日本においても、これまで「政策的中間組織」とみられるものがまったくなかったわけではない。例えば、森林の「流域管理システム」や「自然再生協議会」なども、政策理念を地域へとつなぐ中間に存在する装置ではあるが、現実にはイギリスの中間組織のような機能を果たしているとはいい難い。新たな森林政策立案のための、住民参加の検討委員会や協議会が、政策的中間組織として機能するためには、現場において鍛えられる行政・住民意識の成熟とともに、ここに挙げたような先駆的事例に学ぶべき点も少なくない。

終　章

　本書の課題は、森林政策の地域における受け止めや策定段階の実態を克明に追うことから、環境重視の政策転換が地域に定着するために解決しなければならない課題を明らかにし、その解決方法についても考察することであった。これまでの各章においても、問題点や課題を重点的に整理してきたが、最後にこの章では、それらをいかに克服し、日本の森林政策の新たな段階をどのように実現し得るのか、その展望を探ることで全体のまとめとしよう。

新たな森林政策の実現に向けて

　本書ではまず、環境重視の森林政策がどのように推進されているかを第1章、第2章でみた。そこでは、
　①世界の潮流を受け止め、それに従った政策であることから、日本における政策の基本論理、基本目標が見直され、それに沿って各種施策が徐々に形成されていること、
　②この展開の当然の帰結として、策定主体となっている国や地方自治体には策定や実施についての方法論に関しては、手探り状態であること、
がわかった。
　新たな政策が現場まで浸透できない理由としては、以上の点に加え第3章・第4章の住田町や岩手県の分析で明らかになったように、
　③社会的共通資本である森林に関する政策の策定には、多くの利害関係者の参加に基づく必要がある、という共通認識は得られたとしても、行政には専門的なことについては最終的には自分たちが決めるという意識がいまだに存在している。また、住民は、森林への様々な要請は持っているものの、実際の政策の策定には積極的にかかわろうとしない。つまり、行政は政策策定・実行に全面的に責任があるという意識を捨て切れないし、住民は自分の所有にかかわらないものはお役所に任せておけばいい、という意識を捨て切れないでいるのである。
　④一方で、政策の実施や実現をめぐっては、具体的課題とのかかわりがもたらす関係構造以前に、いわばアプリオリに行政対住民という意識も残っており、協働すべき歩み寄りの機会を内実のあるものとしきれずにいることを指摘しなければならない。
　⑤行政が住民に「公表」したつもりのものが、住民には伝わっていない。そこには、一方的な「公表」の方法の問題と、たとえ「公表」されていても、関心のないものは読んだり聞いたりしないという住民の無関心の問題がある

のである。

⑥行政の行うことに無関心の住民が多いことから、行政は、地域住民自らが政策策定を含め政策にコミットしてくるのを待っているわけにはいかず、これまでどおりのトップダウンによる政策の提案を行い、検討や実施のための「住民参加」をも行政が画策して行っている。現状では、行政と住民の協働というのではなく、あえていうとすると、表面上は「住民参加で行った」という状況を作り、そうした中で内実形成を促進させようとしている。

以上の問題状況を改善し、環境重視の新しい政策が地域の場において実現するためには、少なくとも以下の点について考慮しなければならない。

①まず、住民の政策策定にかかわるための意識の醸成を図る必要がある。現在のような環境重視の森林政策への過渡期、転換期に、少しずつでも政策実施過程などへの参加の機会を増やしていくことである。例えば、木平[1]や山本[2]のいうように「森林ボランティア」や「森林環境教育」への参加がそれである。そこで、行政や林業関係者、住民が一体となって協働を経験し、それを政策の策定・実施・評価の過程への足がかりとするのである。ただし、木平が危惧するように、ボランティア参加をもって住民参加とするべきではない。必ずそこは成長の途中段階と意識することも重要である。

②行政主体が住民の意見を聴取するためには、アンケートやパブリック・コメントはもちろん必要である。しかし、それと共に住民が地域の問題について意見を言う場が常設されていることも重要である。ニューフォレストの事例では、毎月や隔月で開かれるヴァーダラーズ裁判所やニューフォレスト委員会において、住民が当面している問題について意見を述べる場が用意されていた。またそこでは、一方的な意見聴取で終わるのではなく、それがどのように解決されたか、活かされたか、常に住民や関係者にフィードバックされていた。この回路やシステムを形成することが重要である。

③新たな理念の付与やそれを具体化する政策とはいえ、行政と住民の間の政策をめぐる合意やコラボレートの経験は、そのつど新しい枠組みや組織を作らなくとも、ニューフォレストで行っているように、すでにある組織を改

編したりして利用することが可能である。何かの目的で編成された組織は、また違う目的に沿って、アメーバーのように他の関連組織と結合したり、拡大や縮小して機能するようにすることが大事である。

　④上記の組織の構成は、ニューフォレストの事例で分析対象とした3つの組織と同様に、国、地方の公の組織、地域のその政策に関連する民間組織からの代表者や住民など、できるだけ多方面の人々の協働で行われるべきである。いわての森林づくり検討委員会のように、行政が事務局役で実際の検討には口を出さず、検討委員会委員のみに検討させる、というのではなく、行政も検討委員会の一員となり、一体となって検討するのが望ましいのではないか。それは、住田町の森林・林業日本一の町づくり協議会でも同様である。

　⑤これもニューフォレストに学ぶものであるが、地域の管理計画を作る際、検討する最小の単位であるWorking groupについては、「Working groupが効果的なものとなるには、比較的小さいサイズに留まることが重要である。しかし、それにもかかわらず、地方や国の大変大きな関係者の代理となることができるべきである」とされている。地域住民の意見を反映するためには、大きな組織で初めから検討するのではなく、できるだけ小さな単位の組織を利用し、そこでの話し合いの結果を持ち寄って全体で調整する。そこで主導すべき組織も、前述の国や住民の協働組織であるべきなのはもちろんである。

　⑥環境重視の政策実現には、その策定過程や地域での実現過程が、スタートがどこから始まろうが各組織や主体を往復したり、循環的階梯運動をしたりすることが重要である。例えば、政府や地方自治体は政策の中身ではなくガイドラインを作る。国や地域の代表的組織の集まりで構成されるニューフォレスト委員会のような組織Aが、そのガイドラインに沿って地域に即した課題を検討すべく、地域のより小さな組織（先のWorking groupのような）に説明し検討を促す。小さな組織は、そこで説明会・公聴会などを開催して住民意見の提出や計画案を検討し、大きな組織Aが催すワークショップにそれを持ち寄る。そこで小組織それぞれからの意見を出し合い、組織Aがガイドラインとの整合性や各小組織同士の調整を行って合意できる方向へもって

いく。そこでの合意が政策となる。そこで策定された政策は、また小組織に説明され、小組織から個々の住民に周知される。ここでの組織Aは、政策的中間組織としての役割を果たしている。また、小組織も調整組織と捉えることができる。分権化の時代には、このような政策的中間組織の果たす役割が大変大きい。

⑦ここまでみてきた政策的中間組織の姿を、第3章でも簡単に言及した「森林認証のモニタリングを行う組織」をひとつのモデルとして、捉えることもできる。

森林認証制度では、各種のモニタリングを行うことが求められている。森林認証グループ管理会では、モニタリング項目を定め、毎年モニタリングを行っている。しかし、それを評価し、次年度に活かすことまではできていない。また、モニタリングの項目の多くは自然相手であり、必要な方法や場所は不変ではない。管理会自身が自己評価を行うよりは、日常それらに接している多くの住民による第三者評価を受けることが望ましい。そこで、認証取得前に構成された森林認証推進委員会を再活用する。推進委員会の構成は、役場や森林組合、林業関係者、学識経験者であった。そこへ、より多くの住民の参加を求めるのである。地区ごと、また川や動植物、土地利用など生活とかかわる分野ごとの既存の小さなグループを利用し、そこでかかわる分野における評価や要望を話し合う。そのグループの話し合いは、経済面を考えて、特別に場を設けることではなくともそれぞれの定例の会、例えば集落レベルの総会、町内会、生協のグループ会、気仙川をきれいにする会総会、植物の会総会などで話し合うことも可能であろう。森林・林業日本一の町づくり協議会のような組織も利用したいものである。それらの話し合いの結果を推進委員会に持ち寄って、全体の評価を行う。

組織運営の費用・コスト負担についても、同様の考え方に立っている。中立的立場を守るには、すべての人々のボランティアでの参加、もしくはかかわる認証関連組織の供出金による運営が望ましい。しかし、欧米と違って日本では、無償で地域のために働くというボランティア意識が、十分に醸成さ

れているとはいえない。また、森林認証による利益がいまだに多くない現状では、認証取得組織が費用を負担するのも難しい。そこで、交付金の利用や、林業振興協議会に提供を求める。また、岩手県葛巻町で行っているような「ふるさとづくり基金」①のようなものを制定し、そこから運営費を出す、ということも考えられる。いずれにしても、地域のことは地域住民自身で守るという意識を醸成し、お金をかけずにモニタリングの実施や評価がなされるように成長することが、大きな課題である。

⑧上記でひとつの例を示したが、政策的中間組織の姿は、森林管理の将来像をめぐって各研究者が述べてきたように、地域の森林をめぐる実態がそれぞれ異なるものである限りは、バラエティさを失うものではなかろう。地域は、生産のありようとその生産に規定される生活の様式をもっており、その生産と生活とを一体化しつつ、地域であるが故に、ある範囲の中で共通的価値認識や共同化すべき地域共同組織が存在する。いずれにおいても、それぞれが有する他の地域とは異なる地域性を持続あるものとしていくこと、その点を失うものであってはなるまい。

⑨環境重視の森林政策の定着は、地域や国民全体に必然のものとなっている。また同時に、森林の社会的共通資本の認識に加え、農山村社会そのものの持続性がそれと一体のものとして求められる状況にあり、多くの多様な地域での地域主体的政策実現が強く求められている。しかし、日本の現実は上述してきたとおりであり、筆者は、環境重視型森林政策の今後の一層の重要性に鑑みても、政策的中間組織の形成とその機能強化を必要不可欠と考えているのである。

以上整理してきたように、地域や住民に即した政策の策定、そしてそれを実行・評価する過程においても、あらゆる形の地域組織が幾重にも重なり合っ

---

① 「葛巻町ふるさとづくり基金」：葛巻町が2006年4月から始めた取り組み。町内外から寄付金を集め、それを財源として「森林の保全と資源循環に関する事業」と「新エネルギー導入に関する事業」を行うもの。
葛巻町 HP：http://www.town.kuzumaki.iwate.jp/furukifu/gaiyou.html

りて存在し、誰もが何らかの組織で自らの役割を果たすことができるような、そしてそれらをまとめることができるような、様々な形態の政策的中間組織の存在は大変重要であろう。

　今後の環境重視型森林政策の実現のためには、国、地方自治体、森林・林業関係者そして社会的共通資本である森林の重要なステイクホルダーである一般の住民が、パートナーとして対等に話し合い、協働する場を設けていく、そして、それぞれの立場における意識の改革を行っていく、それらを一歩一歩進めていくことがまず必要である。すなわち、森林管理ガバナンスの構築と言いかえてもよい。

　しかし、ガバナンス論の本質はアクターの多様性と、何を行うのかという目的そのものが、アクターから抽出されるところにある。森林政策にとっての今日的課題は環境へのシフトであり、その限りで目的は明瞭である。それを日本の住民意識の現実の中で実現していかなければならないのである。そのための地方での政策立案とその政策の定着過程までを重視している本書では、あえてガバナンスというあいまいさを残している言葉ではなく、政策的中間組織の形成という捉え方をしてきた。

　こうした組織それぞれが歩み寄り話し合って持続可能な社会をつくっていくこと、それは、地域や日本だけのためではなく、地球市民としての役割でもある。

引用文献

（1）　前掲書　木平勇吉「森林計画の立案過程への住民参加」木平勇吉編『流域環境の保全』、朝倉書店、2002年、p.128-130
（2）　前掲書　山本信次「森林保全と市民セクター形成－森林ボランティアの可能性－」山本信次編著『森林ボランティア論』、J-FIC、2003年、p.309-326.

おわりに

　本書は、岩手県立大学大学院における博士論文「環境重視型森林政策の実現過程に関する研究」を再構成し、加筆修正したものです。

　博士論文をまとめるにあたっては、多くの方々のご指導・ご協力を賜りました。この場を借りて心よりお礼申し上げたいと思います。

　岩手県立大学大学院総合政策研究科の由井正敏教授、豊島正幸教授には、ご多忙にもかかわらず、論文を何度も丁寧に見て頂きご指導を頂きました。心より感謝申し上げます。また、同大の環境・地域政策系の諸先生方にもご指導・ご協力を頂いております。

　さらに、北海道大学の柿澤宏昭教授、岩手大学の比屋根哲教授には、貴重なお時間を割いてご指導・ご助言を頂きました。柿澤教授には、遠路盛岡までおいで頂きましたこと、感謝申し上げます。

　北海道大学石井寛名誉教授には、イギリスだけでなくヨーロッパにおける森林管理について、機会ある毎にご教授をいただきました。

　また、この研究過程においては、青山学院大学の故平松紘教授から、励ましの言葉を頂きました。先生もヴァーダラーズやニューフォレスト委員会について関心をお持ちになりながら手をつけられずにいらしたことから、私の研究をとても喜んでくださいました。残念ながら博士論文は間に合いませんでしたが、改めて平松先生へ心よりの感謝を申し上げたいと存じます。

　調査にあたりましては、住田町、岩手県庁の方々に多大なご協力を頂きました。住田町を研究の場としてお許しくださった多田欣一町長はじめ、役場の高橋俊一様や多田裕一様には、多くの資料の提供と調査の便宜をはかって頂きました。また、福島行我様、佐々木伸也様には共同研究者として調査にご協力をいただきました。さらに、聞き取りに快く応じて下さった住田町の林業事業体の皆様や住田町内の多くの関係者の皆様、また、岩手県庁の皆様にお礼申し上げます。

おわりに

　岩手県内の調査では、岩手大学農学部地域マネジメント学講座の先生方・学生の皆様と一緒に楽しく実施させて頂きました。ありがとうございました。

　イギリスの調査でも、多くの方々が、快く時間を割いて下さいました。調査を手伝ってくださった Leo Oyama 氏と John Oyama 氏ご兄弟、New Forest の Forestry Commission の Bruce Rothnie 氏、Verderers の Sue Westwood さんはじめ多くの皆様が現地調査のアレンジやインタビューなどにご協力を下さいました。また、電子メールでの問い合わせにもいつも快く応じてくださいました。

　最後に、イギリスの調査、県内の調査に快くつき合ってくれ、多くの助言を与えてくれた夫に感謝したいと思います。さらに、今は亡き私の父と故郷に一人で住む母、東京と札幌に住む子供たちの励ましが私に大きな力を与えてくれました。特に、孫の想太と過ごす時間は、私の大きな励みと喜びとなりました。

　本書を世に出すことができましたのは、こうした多くの皆様の支えによるものです。

　本当にありがとうございました。

参考文献

英文文献

Burgess, P.J., Brierley,E.D.R., Morris.J., Evans,J.（1999）*Farm Woodlands for the Future,* BIOS

Cashore, Benjamin, Auld,Graeme, Newsom,Deanna（2004）*Governing Through Markets,* Yale University Press

Countryside Commission（1994）*The High Weald*

Countryside Agency（2000）*New forest National Park draft boundary*

Countryside Agency（2001）*A New Forest National Park authority; proposed special Arrangements*

Countryside Agency（2001）*A New Forest National Park: proposed boundary*

Creasey, John.S.（1977）*Country Life from old photographs,* The Anchor Press

Clayden, Paul（2003）*Our Common Land,* Open Spaces Society

Department of the Environment, Transport and the Regions（2000）*Our countryside : the future*

Department of the Environment, Transport and the Regions（2000）*Greater Protection and Better Management of Common Land in England and Wales*

DEFRA（2003）*A Guide to the Woodland Grant Scheme July 2003*

Evans, David（1992）*A History of NATURE CONSERVATION in Britain,* Routledge

English Nature, Countryside Agency, National Trust, Open Spaces Society, Rural Development Service（2005）*A Common Purpose: A guide to agreeing management on common land*

Forestry Department, Food and Agriculture Organization of the United Nations（2005）*Global Forest Resources Assessment 2005 UNITED KINGDOM OF GREAT BRITAIN AND NORTHERN IRELAND Country Report*

Forest Enterprise（2000）*Annual Report Forest Enterprise 2000-2001*

Forestry Authority (1998) *The UK Forestry Standard*

Forestry Commission (1966) *New Forest Forestry Commission Guide*, Her Majesty's Stationery Office

Forestry Commission (1992) *Establishing Farm Woodlands*, HMSO

Forestry Commission (1994-2005) *The New Forest Fact file*

Forestry Commission (1996) *Report on Forest Research 1996*

Forestry Commission (1999) *The New Forest Woodlands*, Pisces Publications

Forestry Commission (1999-2005) *Forestry Commission Facts & Figures*

Forestry Commission (1999-2005) *Annual Report and Accounts Great Britain and England*

Forestry Commission (2001) *LIFE Project in the New Forest*

Forestry Commission (2001) *New Forest Stewardship Report*

Forestry Commission (2001) *Management Plan for the Crown Lands of the New Forest 2001-2006*

Forestry Commission (2001) *Heathland Plan 2001*

Forestry Commission (2005) *GB Public Opinion of Forestry 2005*

Forestry Commission and New Forest District Council (1993) *The New Forest*, Pitkin Pictorials

FSC UK Working Group (2005) *Annual report 2004-2005*

Garfitt, J.E. (1994) *Natural Management of Woods: Continuous Cover Forestry*, Research Studies Press

Hampshire County Council (Website) (2003) *The New Forest The Forest; today*

Hinde, Thomas (1985) *Forests of Britain*, Victor Gollancz Ltd.

Krott, Max (Translated by Renee von Paschen) (2001) *Forest Policy Analysis*, Springer

London Ecology Unit (1993) *Nature Conservation in Community Forests, Ecology Handbook 23*

Ministry of Agriculture, Fisheries and Food (2000) *Agriculture in the United Kingdom*

2000, The Stationery Office

National Statistics (2005) *Forestry Commission, Forestry Statistics 2005*

Nield, Sarah (2005) *Forest Law and the Verderers of the New Forest*, The New Forest Research and Publication Trust

New Forest Committee (1996) *Strategy for the New Forest*

New Forest Committee (1997) *New Forest Life Project achievements 1997-2001*

New Forest Committee (2000) *New Forest • • • New National Park*

New Forest Committee (2001) *The New Forest Consultative Panel*

New Forest Committee (2001) *Strategy for the New Forest*

New Forest Committee (2002) *Strategy for the new Forest Working Draft for Consultation June 2002*

New Forest Committee (2002) *A Strategy for the New Forest Work Plan 1 April 2002-31 March 2003*

New Forest Committee (2003) *Minutes of a meeting of the New Forest Committee*

New Forest Committee (2005) *The future of the New Forest Committee-To Agree the Way Forward*

New Forest Consultative Panel (2003) *Minutes of the Meeting*

Pasmore, Anthony (1996) *New Forest Pony and Cattle Brands & a Guide to the use of the New Forest Atlases of Common Rights*, New Forest Research and Publication Trust

Pasmore, Anthony (1977) *Verderers of the New Forest-A History of the Forest 1877-1977*, Pioneer Publications Limited

Pasmore, Hugh (1991) *A New Forest Commoner Remembers*, New Forest Leaves

Pasmore, Hugh & Heinst, Marie (1995) *Forest Reflections-Village Life in the New Forest*, Forest Views

Phelps, Humphrey (1996) *FOREST voices*, The Chalford Publishing Company

Rackham, Oliver (1976) *Trees & woodland in the British landscape*, Weidenfeld & Nicolson

Rackham, Oliver (1980) *Ancient woodland,* Edward Arnold

Rackham, Oliver (1986) *The History of the Countryside,* Phoenix Giant

Selwyn Gummer. John (1990) *The New Forest (Confirmation of Byelaws of the Verderers of the New Forest) Order 1990,* HMSO

The Southern and South East England Tourist Board (2005) *A Survey of Recreational Visits to the New Forest National Park,* Tourism South East

Verderers (1997) *Verderers of the New Forest*

Verderers (1997) *Commoners of the New Forest*

Verderers (1997) *Agisters of the New Forest*

Verderers (1997) *Stock of the New Forest*

Verderers (2001) *New Forest Verderers Review*

Verderers (2002-2005) *Minutes of the Court of Verderers 2002, 2003, 2004, 2005*

和文著書

秋田清・中村守編『環境としての地域―コミュニティ再生への視点―』晃洋書房、2005年

秋道智彌『自然はだれのものか』講座人間と環境 第1巻、昭和堂、1999年

浅見良露・西川芳昭編著『市民参加のまちづくり―イギリスに学ぶ地域再生とパートナーシップ―』創成社、2006年

足立治郎『環境税』築地書館、2004年

淡路剛久（他）編『環境政策研究のフロンティア―学際的交流と展望―』東洋経済新報社、2001年

R.K. ターナー・D. ピアス・I. ベイトマン（大沼あゆみ訳）『環境経済学入門』東洋経済新報社、2001年

飯田繁『国有林の過去現在未来―木材生産から環境問題へ―』筑波書房、1992年

生野正剛・早瀬隆司・姫野順一編著『地球環境問題と環境政策』ミネルヴァ書房、2003年

石弘光『環境税とは何か』岩波書店、1999年

石井寛・神沼公三郎編著『ヨーロッパの森林管理』日本林業調査会、2005 年
和泉真理『英国の農業環境政策』富民協会、1989 年
磯野弥生・除本理史編著『地域と環境政策―環境再生と「持続可能な社会」をめざして―』勁草書房、2006 年
井上真・宮内泰介編『コモンズの社会学―森・川・海の資源共同管理を考える―』新曜社、2001 年
井上真『コモンズの思想を求めて―カリマンタンの森で考える―』岩波書店、2004 年
井上真・酒井秀夫・下村彰男・白石則彦・鈴木雅一『人と森の環境学』東京大学出版会、2004 年
井上和衛『条件不利地域農業―英国スコットランド農業と農村開発政策―』暮らしのなかの食と農 32、筑波書房、2006 年
井上和衛編『欧州連合 [EU] の農村開発政策― LEADER 事業の成果―』筑波書房、1999 年
井村秀文・松岡俊二・下村恭民編著『環境と開発』日本評論社、2004 年
家木成夫『環境と公共性』日本経済評論社、1995 年
市田知子『EU 条件不利地域における農政展開―ドイツを中心に』農林水産政策研究叢書第 5 号、農文協、2004 年
E・P・エックホルム（石弘之・水野憲一訳）『地球レポート―緑と人間の危機―』朝日選書、1984 年
宇沢弘文・茂木愛一郎編『社会的共通資本―コモンズと都市―』東京大学出版会、1994 年
宇沢弘文『社会的共通資本』岩波書店、2000 年
上野眞也『持続可能な地域社会の形成』熊本大学法学会叢書 6、成文堂、2005 年
内山節編著『森の列島に暮らす―森林ボランティアからの政策提言―』コモンズ、2001 年
遠藤日雄編著『スギの新戦略Ⅱ　地域森林管理編』日本林業調査会、2000 年
NTT データ経営研究所編『環境共生型社会のグランドデザイン』NTT 出版、2003 年
岡田秀二『地域開発と山村・林業の再生』杜陵高速印刷出版部、1988 年

小澤徳太郎『スウェーデンに学ぶ「持続可能な社会」』朝日新聞社、2006年

小沢普照『森林持続政策論』東京大学出版会、1996年

恩田守雄『グローカル時代の地域づくり』学文社、2002年

戒能通厚『イギリス土地所有権法研究』岩波書店、1980年

柿澤宏昭『エコシステムマネジメント』築地書館、2000年

柿本国弘「英国の都市農村計画と過疎地域政策」八千代出版、2000年

柏雅之『条件不利地域再生の理論と政策』農林統計協会、2002年

川崎寿彦『森のイングランド』平凡社、1987年

関東弁護士会連合会編著『里山保全の法制度・政策―循環型の社会システムをめざして―』創森社、2005年

木下栄蔵・高野伸栄共編『参加型社会の決め方―公共事業における集団意思決定―』近代科学社、2004年

国際林業協力研究会『持続可能な森林経営に向けて』日本林業調査会、1996年

木平勇吉『森林環境保全マニュアル』朝倉書店、1996年

木平勇吉『森林管理と合意形成』林業改良普及双書、1997年

木平勇吉編『流域環境の保全』朝倉書店、2002年

木平勇吉編著『森林の機能と評価』日本林業調査会、2005年

小林紀之『地球温暖化と森林ビジネス』日本林業調査会、2005年

小宮山宏(他)編著『バイオマス・ニッポン―日本再生に向けて―』日刊工業新聞社、2003年

堺正紘編著『森林資源管理の社会化』九州大学出版会、2003年

堺正紘編著『森林政策学』日本林業調査会、2004年

佐々木毅・金泰昌編『公共哲学7 中間集団が開く公共性』東京大学出版会、2002年

佐々木毅・金泰昌編『公共哲学9 地球環境と公共性』東京大学出版会、2002年

佐々木毅・金泰昌編『公共哲学10 21世紀公共哲学の地平』東京大学出版会、2002年

志賀和人・成田雅美編著『現代日本の森林管理問題―地域森林管理と自治体・森林組合―』全国森林組合連合会、2000年

志賀和人編著『21世紀の地域森林管理』全国林業改良普及協会、2001年
椎名重明『イギリス産業革命期の農業構造』近代土地制度史研究叢書第8巻、御茶の水書房、1962年
四野宮三郎『J.S.ミル思想の展開Ⅱ―土地倫理と土地改革―』御茶の水書房、1998年
柴田弘文『環境経済学』東洋経済新報社、2002年
森林基本計画研究会編『21世紀を展望した森林・林業の長期ビジョン』地球社、1997年
森林文化協会編著『森林環境2004』築地書館、2004年
森林環境研究会編著『森林環境2005』森林文化協会、2005年
森林環境研究会編著『森林環境2006 世界の森林はいま』森林文化協会、2006年
森林・林業基本政策研究会編『新しい森林・林業基本政策について』地球社、2002年
J.E.ド・スタイガー（新田功（他）訳）『環境保護主義の時代』多賀出版、2001年
ジェフリー・ヒール（細田衛士（他）訳）『はじめての環境経済学』東洋経済新報社、2005年
ジョン・ベラミー・フォスター（渡辺景子訳）『破壊されゆく地球―エコロジーの経済史―』こぶし書房、2001年
全国林業改良普及協会編『森林認証と林業・木材産業』全国林業改良普及協会、2004年
全国林業改良普及協会編『地域の新たな森林管理』全国林業改良普及協会、2004年
竹下譲『パリッシュにみる自治の機能―イギリス地方自治の基盤―』イマジン出版、2000年
只木良也『森の文化史』講談社、2004年
田中淳夫『日本の森はなぜ危機なのか―環境と経済の新林業レポート―』平凡社、2002年
田畑保編『中山間の定住条件と地域政策』日本経済評論社、1999年
筒井迪夫編著『公有林野の現状と課題』公有林野全国協議会、1984年
寺西俊一編『新しい環境経済政策―サステイナブル・エコノミーへの道―』東洋経済新報社、2003年

寺西俊一・西村幸夫編『地域再生の環境学』東京大学出版会、2006 年

テックタイムス編『紙パルプ産業と環境 2005』―どうなる温暖化対策と資源問題―』紙業タイムス社、2005 年

テレンス C.E. ウエルズ（高橋理喜男訳）『英国田園地域の保全管理と活用』信山社、2000 年

電通エコ・コミュニケーション・ネットワーク編著『環境プレイヤーズ・ハンドブック 2005』ダイヤモンド社、2004 年

遠山茂樹『森と庭園の英国史』文藝春秋、2002 年

鳥越皓之編『自然環境と環境文化』講座環境社会学　第 3 巻、有斐閣、2001 年

ドナルド・W・フロイド（村嶌由直訳）『森林の持続可能性―その歴史、挑戦、見通し―』日本林業調査会、2004 年

ドネラ・H・メドウズ、デニス・L・メドウズ、ジャーガン・ラーンダズ、ウィリアム・W・ベアランズ三世（大来佐武郎監訳）『成長の限界―ローマ・クラブ「人類の危機」レポート―』ダイヤモンド社、1972 年

中川聡七郎・村尾行一・西頭徳三編著『現代社会と資源・環境政策―担い手と政策の構築に向けて―』農林統計協会、1997 年

中島恵理『英国の持続可能な地域づくり』学芸出版社、2005 年

中村剛治郎『地域政治経済学』有斐閣、2004 年

日本林業調査会編『諸外国の森林・林業』日本林業調査会、1999 年

畠山武道、柿澤宏昭編著『生物多様性保全と環境政策―先進国の政策と事例に学ぶ―』北海道大学出版会、2006 年

服部正治・西沢保編著『イギリス 100 年の政治経済学―衰退への挑戦―』ミネルヴァ書房、1999 年

林良博・高橋弘・生源寺真一『ふるさと資源の再発見』家の光協会、2005 年

原後雄太・泊みゆき著『バイオマス産業社会―「生物資源（バイオマス）」利用の基礎知識―』築地書店、2002 年

原科幸彦編著『市民参加と合意形成―都市と環境の計画づくり―』学芸出版社、2005 年

ハワード・ニュービー（生源寺真一訳）『英国のカントリーサイド―幻想と現実―』楽游書房、1999年

平野秀樹『森林理想郷を求めて―美しく小さな町へ』中央公論社、1996年

平松紘『イギリス環境法の基礎研究―コモンズの史的変容とオープンスペースの展開―』敬文堂、1995年

平松紘『イギリス緑の庶民物語―もうひとつの自然環境保全史―』明石書店、1999年

平松紘『ウォーキング大国イギリス―フットパスを歩きながら自然を楽しむ―』明石書店、2002年

福岡克也『森と水の経済学』東洋経済新報社、1987年

福士正博『環境保護とイギリス農業』日本経済評論社、1995年

藤本高志『農がはぐくむ環境の経済評価』農林統計協会、1998年

藤森隆郎・由井正敏・石井信夫編『森林における野生生物の保護管理―生物多様性の保全に向けて―』日本林業調査会、1999年

船越昭治編著『地方林政と林業財政』農林統計協会、1987年

船越昭治編著『転換期の東北林業・山村』農林統計協会、1993年

松下和夫『環境ガバナンス―市民・企業・自治体・政府の役割―』岩波書店、2002年

南眞二『自然環境保全・創造法制』北樹出版、2002年

室田武（他）著『環境経済学の新世紀』中央経済社、2003年

室田武・三俣学『入会林野とコモンズ―持続可能な共有の森―』日本評論社、2004年

諸富徹『環境』岩波書店、2003年

矢口芳生『食料と環境の政策構想』農林統計協会、1995年

柳憲一郎（他）編著『多元的環境問題論』ぎょうせい、2002年

矢部三雄『森の力』講談社、2002年

山崎光博・小山善彦・大島順子『グリーン・ツーリズム』家の光協会、1993年

山崎怜・多田憲一郎編『新しい公共性と地域の再生―持続可能な分権型社会への道―』昭和堂、2006年

山田勇『世界森林報告』岩波書店、2006年

吉岡昭彦『イギリス地主制の研究』未来社、1967年

依光良三『森と環境の世紀―住民参加型システムを考える―』日本経済評論社、1999年

寄本勝美（他）編著『地球時代の自治体環境政策』ぎょうせい、2002年

林業と自然保護問題研究会編『森林・林業と自然保護―新しい森林保護管理のあり方―』日本林業調査会、1989年

ルイ・カザミアン（手塚リリ子・石川京子共訳）『大英国―歴史と風景―』白水社、1996年

レイチェル・カーソン（青木簗一訳）『沈黙の春』新潮社、1974年

レスター・ブラウン（福岡克也監訳）『エコ・エコノミー』家の光協会、2002年

ロビン・フェデン（四元忠博訳）『ナショナル・トラスト―その歴史と現状―』時潮社、1984年

和田尚久『地域環境税と自治体』イマジン出版、2002年

論文・報告等

秋山孝臣「森林環境税とその森林環境および林業における意義」『農林金融』2005・2、2005年

石井寛「フランス、ドイツ、日本の森林政策の展開とその特徴」『林業経済研究』Vol.49 No.1、2003年

石井寛「わが国森林政策の方向」『林業経済』No.599、1998年

石崎涼子「自治体林政の施策形成過程―神奈川県を事例として―」『林業経済研究』Vol.48 No.3、2002年

石崎涼子「都道府県による施策形成と森林管理」『林業経済』Vol.58 No.3、2005年

泉英二「今般の「林政改革」と森林組合」『林業経済研究』Vol.49 No.1、2003年

遠藤日雄「森林・林業基本法と担い手問題―森林資源管理の担い手としての素材生産業者の可能性―」『林業経済研究』Vol.49 No.1、2003年

大田伊久雄「認証木材の需要拡大からみる日本林業の展望―高知県梼原町森林組合の事例から―」『林業経済』Vol.58 No.9、2005年

岡田秀二・伊藤幸男・金野静一「住田町森林・林業・木炭史」『住田町史　産業経済編』

2001 年

岡田秀二「できたのか持続可能な林業生産」『公庫月報　AFC Forum』2006.8、農林漁業金融公庫、2006 年

岡田久仁子「環境重視の森林管理における政策的中間組織に関する研究」岩手県立大学博士前期課程論文、2003 年

岡田久仁子・由井正敏・岡田秀二「イギリス・ニューフォレストにおけるコモンズの再構築過程」、第 114 回日本林学会大会、2003 年

岡田久仁子・岡田秀二・由井正敏「森林空間への多様な要請と新管理システムの形成―イギリスの New Forest Committee 分析を中心に―」第 115 回日本林学会大会、2004 年

岡田久仁子・岡田秀二・由井正敏・福島行我・佐々木伸也「FSC 森林認証取得と地域の変貌―岩手県住田町を例に―」第 116 回日本森林学会大会、2005 年

岡田久仁子・岡田秀二「森林保全整備のための県民税の形成―岩手県の森林づくり県民税（仮称）策定過程に関する研究―」2005 年林業経済学会秋季大会、2005 年

岡田久仁子「FSC 森林認証取得と地域の変貌―岩手県住田町を例に―」『林業経済』Vol.58 No.9、2005 年

岡田久仁子・岡田秀二「ニューフォレストに学ぶ新たな森林管理システム―イギリス・ニューフォレストの分析から―」『林業経済研究』、2006 年

岡田久仁子・岡田秀二・由井正敏「森林環境税形成過程に関する研究―「いわての森林づくり県民税」検討委員会の分析を中心に―」『東北森林科学会誌』第 12 巻第 1 号、2007 年

岡田久仁子「UK の政策的中間組織」文部科学省科学研究費補助金研究成果報告書、岡田秀二代表『イギリスにおける環境・景観重視の森林政策と認証・ラベリング制度に関する研究』、2002 年

岡田久仁子「コモンズ発祥の国のコモンズ」『入会・コモンズ 2004』岩手入会・コモンズの会、2004 年

岡田久仁子「コモンズとパブリック・アクセス― New Forest 観光客へのアンケー

トより—」『入会・コモンズ2005』岩手入会・コモンズの会、2006年

柿澤宏昭「地域における森林政策の主体をどう考えるか—市町村レベルを中心にして」『林業経済』Vol.58 No.3、2005年

柏雅之「イギリス農業環境政策の諸問題と農村ガバナンス」『環境情報科学』34巻2号、2005年

梶山恵司「21世紀の日本の森林林業をどう再構築するか」『研究レポート』No182、富士通総研経済研究所、2004年

北尾邦伸「環境政策と林業政策のはざま—森林・林業基本法の状態が示しているもの—」『林業経済研究』Vol.49 No.1、2003年

駒木貴彰「これからの私有林政策のあり方と課題—私有林の現状と近年の動向をふまえて—」『林業経済研究』Vol.52 No.1、2006年

佐藤岳晴・山本信次「都道府県における森林ボランティア支援政策の動向」『北海道大学農学部演習林研究報告』第57巻第2号、2000年

佐藤宣子「山村社会の持続と森林資源管理の相互関係についての考察」『林業経済研究』Vol.51No.1、2005年

志賀和人「地域森林管理と自治体林政の課題」『林業経済』Vol58 No.3、2005年

志賀和人「地域森林管理の主体形成と林業就業者—森林組合による施業管理と現業従事者の存在形態を中心に—」、北日本林業経済研究会、2006年

白石則彦「森林認証制度の構造比較と最近の内外の動き」『山林』No.1431、2003年

白石則彦「森林認証を通した地域森林管理の活性化試案」『林業経済研究』Vol.52No.1、2006年

高橋俊一「「森林・林業日本一のまち」の実現をめざして」『公庫月報』、2003年

高橋俊一「「森林エネルギーの町」を目指す岩手県住田町の取組み」『木質エネルギー』2004年夏号、2004年

高橋卓也「地方森林税はどのようにして政策課題となるのか—都道府県の対応に関する政治経済的分析」『林業経済研究』Vol.51 No.3、2005年

高橋卓也「水源税（地方森林税）構想への都道府県の対応の政治経済的分析—都道府県林政の可能性を考える—」第116回日本森林学会大会、2005年

高橋信子・岡田秀二・伊藤幸男「イギリスにおける森林認証の現段階」『林業経済研究』Vol.46 No.3、2000年

竹本豊「『森林環境税』の導入過程の分析―高知県の事例―」2003年林業経済学会秋季大会、2003年

立花敏「森林環境税の導入状況と課題」『木材情報』2005年7月号、日本木材総合情報センター、2005年

田家邦明「森林認証の可能性について」2006年林業経済学会秋季大会、2006年

土屋俊幸「イングランド、ウエールズにおける国立公園制度の展開と公園管理におけるステイクホルダー」文部科学省科学研究費補助金研究成果報告書、岡田秀二代表『イギリスにおける環境・景観重視の森林政策と認証・ラベリング制度に関する研究』、2002年

土屋俊幸「森林における市民参加論の限界を超えて」『林業経済研究』Vol.45 No.1、1999年

永坂崇「コモンズ論の整理と入会林野の方向性」岩手大学大学院博士前期課程論文、2004年

根本昌彦・佐々木亮「森林認証制度と政府の役割―各国のアプローチと相互承認の行方を論点として―」『林業経済研究』Vol.48 No.1、2002年

平松紘「イギリスのコモンズ」井上真他編『森林の百科』朝倉書店、2003年

平松紘「フォレストの史的構造とフォレスト法」―イギリス森林法史研究序説―、『青山法学論集』第31巻、1990年

福島康記「林業の近代化政策について」林業経済研究所『今後の森林・林業政策の在り方に関する調査報告書』、2001年

藤原千尋「森林管理における市民参加論の展開―鳥獣管理への援用をめざして―」『林業経済』Vol.55 No.12、2003年

古川泰「地方自治体による新たな林政の取組みと住民参加―高知県森林環境税と梼原町環境型森林・林業振興策を事例に―」『林業経済研究』Vol.50 No.1、2004年

古川泰「県民参加による森林整備の展開と意義―高知県森林環境税による緊急間伐

を主な事例として—」林業経済学会、2005年

箕輪光博「地域林業経営を支援するための論理」『林業経済研究』Vol.52 No.1、2006年

その他

アメリカ合衆国政府（逸見謙三、立花一雄監訳）「アメリカ合衆国政府特別調査報告　西暦2000年の地球1」―人口・資源・食料編―、家の光協会、1980年

アメリカ合衆国政府（逸見謙三、立花一雄監訳）「アメリカ合衆国政府特別調査報告　西暦2000年の地球2」―環境編―、家の光協会、1981年

アメリカ環境問題諸問委員会・国務省編（田中努監訳）「西暦2000年の地球」日本生産性本部、1980年

「英国の田園地域」自治体国際化協会、1995年

「英国の条件不利地域政策」海外農村開発資料第43号、農村開発企画委員会、1996年

環境庁編「地球化時代の環境ビジョン」大蔵省印刷局、1988年

環境省編「環境白書」ぎょうせい、各年度版

環境省編「循環型社会白書」ぎょうせい、各度版

環境省編「新生物多様性国家戦略」ぎょうせい、2002年

国連食料農業機関（FAO）編「世界森林白書」農文協、各年度版

森林基本計画研究会編「21世紀を展望した森林・林業の長期ビジョン」地球社、1997年

住田町・住田町林業振興協議会「森林・林業日本一のまちづくり」住田町、2004年

住田町・住田町林業振興協議会「森林・林業日本一まちづくり推進計画」住田町、2004年

住田町林業振興協議会「住田町林業振興計画書」1978年

住田町林業振興協議会「第2次住田町林業振興計画策定報告―住田町林業の現状と課題そして対策の方向―」1993年

住田町林業振興協議会「第2次住田町林業振興計画―豊かさの創造 - 成熟期を迎え

る林業地の形成―」1994 年

総理府監修「美しい地球を将来の世代に」大蔵省印刷局、1993 年

Soil Association.Woodmark「ウッドマーク・グループ認証・公開レポート―気仙地
　　方森林組合―」2004 年

林業経済研究所「今後の森林・林業政策の在り方に関する調査報告書」林業経済研
　　究所、2001 年

林野庁編「林業白書」日本林業協会、各年度版

林野庁林政課・企画課監修「新たな林業・木材産業政策の基本方向」地球社、1996 年

「ボランティア白書 2005」編集委員会編『ボランティア白書 2005 ―ボランティア
　　のシチズンシップ再考―』JYVA、2005 年

〈著者略歴〉

岡田　久仁子（おかだ　くにこ）
　　博士（総合政策）
　　(財)東北開発研究所　専門員
　　日本森林管理協議会　理事
　　FSC（Forest Stewardship Council ―本部ドイツ―）環境部門会員
　　岩手入会・コモンズの会　事務局

　北海道生まれ。1969年札幌藤女子大学文学部中退、日本電信電話公社（現NTT）勤務を経て、1996年日本大学法学部卒業。2004年岩手県立大学大学院総合政策研究科博士前期課程修了、2007年岩手県立大学大学院総合政策研究科博士後期課程修了。

2007年7月10日　初版第1刷発行
2008年1月31日　初版第2刷発行

環境と分権の森林管理
―イギリスの経験・日本の課題―

著　者	岡　田　久仁子
カバー・デザイン	峯　元　洋　子
発行所	森と木と人のつながりを考える ㈱日 本 林 業 調 査 会
発行者	辻　　　潔

東京都新宿区市ヶ谷本村町3－26 ホワイトビル内
TEL 03-3269-3911　FAX 03-3268-5261

http://www.j-fic.com/

J-FIC（ジェイフィック）は、日本林業調査会（Japan Forestry Investigation Committee）の登録商標です。

印刷所	藤原印刷㈱

定価はカバーに表示してあります。
許可なく転載、複製を禁じます。

Ⓒ 2007 Printed in Japan. Okada Kuniko

ISBN978-4-88965-173-7

再生紙をつかっています。

J−FIC（日本林業調査会）の本

美しい森をつくる　速水林業の技術・経営・思想
速水　勉著　　　　　　　　　　　　　　四六判216頁　1,800円
日本を代表する「速水林業」の経営基盤はいかにして形成されたのか。先駆的な試みを続けながらも、歴史貫通的な思想・哲学は揺るがせにしない。林業経営の神髄がわかる1冊。日本図書館協会選定図書。07年1月刊。07年6月第2刷。
4-88965-168-3
＜目次から＞一章　私の林業経営—優良材の生産をめざして／二章　私の森づくり技術—毎年一つは新しい試みを／三章　自然環境と人間—緑の森を残したい…など

森林・林業・木材産業の将来予測
森林総合研究所編　　　　　　　　　　　A5判464頁　3,000円
2020年を射程に入れて、森林資源、林業、木材産業、山村の将来ビジョンを描いた注目の1冊。新たな戦略を講じるために必読の本。日本図書館協会選定図書。06年12月刊。07年6月第3刷。4-88965-167-5
＜目次から＞第1部　世界の森林資源と林産物需給／第2部　日本の木材産業と林産物需給／第3部　日本の森林資源と林業生産／第4部　日本の山村人口と林業労働力／第5部　日本林業の将来ビジョン

ロシア　森林大国の内実
柿澤宏昭・山根正伸編著　　　　　　　　A5判238頁　2,100円
知られざる大国・ロシアの素顔を、最新資料をもとに描く。違法伐採、環境対策、先住民問題まで幅広く分析。03年1月刊。4-88965-140-3

森林の持続可能性　その歴史、挑戦、見通し
ドナルド・W・フロイド著／村嶌由直訳　　菊5判106頁　1,500円
世界の森林に求められている「持続可能性（Sustainability）」とは何か？　人類史を辿って解き明かした入門書。本邦初訳。04年11月刊。4-88965-153-5

諸外国の森林・林業　持続的な森林管理に向けた世界の取り組み
J−FIC（日本林業調査会）編　　　　　　A5判400頁　3,000円
アメリカ・カナダ・ロシア・中国・ニュージーランドなど主要11カ国の森林・環境政策を、現地のデータをもとに分析しました。森林づくりの国際トレンドを知ることができます。99年3月刊。4-88965-108-X